Albrecht Beutelspachers
Kleines Mathematikum

Die 101 wichtigsten Fragen
und Antworten zur Mathematik

GOLDMANN

Mit 10 Abbildungen im Text

Einige der Antworten wurden bereits
unter dem Titel «Fragen an die Mathematik»
im Hessischen Rundfunk (hr4) gesendet.

Verlagsgruppe Random House FSC-DEU-0100
Das FSC®-zertifizierte Papier *Holmen Book Cream* für dieses Buch
liefert Holmen Paper, Hallstavik, Schweden.

1. Auflage
Taschenbuchausgabe Dezember 2011
Wilhelm Goldmann Verlag, München,
in der Verlagsgruppe Random House GmbH
Copyright © der Originalausgabe 2010
by Verlag C.H. Beck oHG, München
Umschlaggestaltung: UNO Werbeagentur, München,
in Anlehnung an die Gestaltung der Originalausgabe
(www.kunst-oder-reklame.de)
Autorenfoto: Christoph Mukherjee
KF · Herstellung: Str.
Druck und Bindung: CPI – Clausen & Bosse, Leck
Printed in Germany
ISBN: 978-3-442-15700-6

www.goldmann-verlag.de

Inhalt

Vorwort 11

Grundlagen

1. Was ist Mathematik? 13
2. Seit wann gibt es Mathematik? 15
3. Welches ist das erste Mathematikbuch? 17
4. Was ist ein Punkt? 19
5. Was ist ein Beweis? 20
6. Was sind Axiome? 22
7. Wie kann man beweisen, dass etwas nicht existiert? 24
8. Ist Mathematik eine Natur- oder eine Geisteswissenschaft? 26
9. Warum ist Mathematik so abstrakt? 26
10. Hat Pythagoras den Satz des Pythagoras erfunden? 28

Zahlen

11. Welches ist die älteste Zahl? 30
12. Seit wann kann man mit Zahlen rechnen? 32
13. Wie rechneten die Ägypter? 33
14. Wie rechneten die Römer? 35
15. Seit wann gibt es die Null? 38
16. Ist Null eine gerade Zahl? 39

17. Warum darf man nicht durch null teilen?   40
18. Warum müssen wir das kleine Einmaleins lernen?   41
19. Wie viel ist eine Million Billionen?   43
20. Was ist ein Googol?   44
21. Was ist das Binärsystem?   45
22. Gibt es unendlich viele Zahlen?   46
23. Warum ist 2+2=4?   47
24. Wie viele Primzahlen gibt es?   49
25. Gibt es eine Formel für Primzahlen?   51
26. Was ist $\frac{1}{2}+\frac{1}{3}$?   52
27. Wie viele Bruchzahlen gibt es?   54
28. Gibt es irrationale Zahlen?   55
29. Wie viele irrationale Zahlen gibt es?   57
30. Was ist Fermats letzter Satz?   59
31. Wozu braucht man komplexe Zahlen?   62

Formen und Muster

32. Welches sind die unlösbaren Probleme der Antike?   65
33. Funktioniert die Quadratur des Kreises?   67
34. Was bedeutet der Satz des Pythagoras?   69
35. Wie groß ist ein DIN-A4-Papier?   71
36. Ist jedes Viereck ein Quadrat?   73
37. Welche Vielecke passen zusammen?   74
38. Warum passen Kreise beziehungsweise Kugeln nicht gut zusammen?   76
39. Warum verwenden Bienen für die Waben Sechsecke?   77
40. Warum gibt es nur fünf platonische Körper?   78

41. Schneiden sich Parallelen im Unendlichen? 81
42. Was ist nichteuklidische Geometrie? 82
43. Warum ist Symmetrie schön? 84
44. Wie kommen Zahlen in den Raum? 85
45. Kann man sich den vierdimensionalen Raum vorstellen? 87

Formeln

46. Was ist 1+2+3+…+100? 90
47. Wie viele Reiskörner liegen auf dem Schachbrett? 91
48. Ein Euro an Christi Geburt – was ist der heute wert? 92
49. Warum ist minus mal minus gleich plus? 93
50. Wozu sind die binomischen Formeln gut? 96
51. Was bedeutet «Wurzel»? 98
52. Kann man jede Gleichung lösen? 99
53. Was sind transzendente Zahlen? 100

Zufall

54. Wie hat die Wahrscheinlichkeitsrechnung begonnen? 102
55. Wenn ich zehnmal würfle, habe ich dann garantiert eine Sechs? 104
56. Wie groß ist die Chance, einen Sechser im Lotto zu tippen? 106
57. Wie groß ist die Wahrscheinlichkeit, dass zwei Menschen am gleichen Tag Geburtstag haben? 108
58. Was ist das Ziegenproblem? 109
59. Wie zählt man Fische, ohne sie zu fangen? 111

Infinitesimal

60. Wann holt Achilles die Schildkröte ein? 113
61. Ist 0,999...=1? 114
62. Kann man unendlich viele Zahlen addieren? 116
63. Wie kann man Bewegung mathematisch verstehen? 118
64. Was ist die Exponentialfunktion? 120
65. Wozu sind Logarithmen gut? 122
66. Wie viel muss man von einer Funktion wissen, um sie ganz zu kennen? 124

Anwendungen

67. Wo wird Mathematik angewandt? 126
68. Ist Mathematik eine Kriegswissenschaft? 128
69. Gibt es eine Formel, mit der man Ostern ausrechnen kann? 130
70. Hat der Computer die Mathematik verändert? 132
71. Kann man die Schwierigkeit mathematischer Probleme messen? 134
72. Ist Überprüfen einfacher als Probleme lösen? 136
73. (Wie) hängen Mathematik und Musik zusammen? 138

Probleme

74. Gibt es in der Mathematik noch etwas zu erforschen? 141
75. Warum sind Probleme wichtig? 142
76. Was sind Hilberts Probleme? 144
77. Was sind die 1-Million-Dollar-Probleme? 146
78. Was ist das (3n+1)-Problem? 147
79. Kann man alles beweisen? 149
80. Ist die Mathematik widerspruchsfrei? 151

Mathematiker

81. Warum können Mathematiker nicht rechnen? 154
82. (Warum) sind Mathematiker weltfremd? 155
83. Wer ist der größte Mathematiker aller Zeiten? 157
84. Wer ist der größte deutsche Mathematiker? 158
85. Sind Frauen mathematisch unbegabt? 160
86. Warum gibt es keinen Nobelpreis für Mathematik? 161
87. Was ist Hilberts Hotel? 162
88. Brauchen Mathematiker Intuition und Fantasie? 164

Lehren und lernen

89. Warum muss man Mathematik lernen? 167
90. Warum macht Mathematik Angst? 168
91. Warum ist Mathematik so schwierig? 169
92. Müssen Formeln sein? 171
93. Gibt es einen «Königsweg» zur Mathematik? 172
94. Warum ist Mathematik so schwer zu lernen? 173

Daneben und darüber hinaus

95. Ist 13 eine Unglückszahl? 176
96. Haben Zahlen eine Bedeutung? 177
97. Können Tiere zählen? 180
98. Welches ist die schönste Formel? 181
99. Kann man die Existenz Gottes beweisen? 183
100. Werden mathematische Erkenntnisse entdeckt oder erfunden? 185
101. Können Außerirdische unsere Mathematik verstehen? 187

Vorwort

Das Mathematikum in Gießen ist ein mathematisches «Mitmachmuseum», das seit seiner Eröffnung im Jahr 2002 jährlich 150 000 Besucher jedes Alters anzieht. Diese vergnügen sich an den 150 Stationen, wo sie Knobelspiele lösen, mit Seifenhäuten experimentieren oder an sich selbst den Goldenen Schnitt entdecken. Fast automatisch lernen sie dabei mathematische Phänomene kennen, sie bilden sich Vorstellungen, und sie bekommen Einsichten.

Obwohl das Mathematikum ohne Gleichungen und Formeln auskommt, obwohl die Geschichte der Mathematik kaum thematisiert wird und obwohl es praktisch keine verbalen Erklärungen gibt, werden offenbar durch das Experimentieren bei vielen Besuchern Fragen angeregt. Jedenfalls werde ich häufig persönlich angesprochen, manche Menschen schreiben mir eine Mail und einige auch ganz traditionell einen Brief.

Die Fragen, die mir gestellt werden, sind in jeder Hinsicht bunt gemischt.

Manche Fragen sind mathematischer Natur: Wie groß ist die Chance, einen Sechser im Lotto zu tippen? Wie viele Reiskörner liegen auf dem Schachbrett? Was ist Fermats letzter Satz?

Es gibt Fragen zur Geschichte der Mathematik: Seit wann gibt es die Null? Warum gibt es keinen Nobelpreis für Mathematik? Was sind Hilberts Probleme?

Manche Fragen sind einfach zu beantworten: Wie groß ist

ein DIN-A4-Papier? Ist 13 eine Unglückszahl? Was ist $1/2$ plus $1/3$?

Andere Fragen sind ausgesprochen schwierig: Kann man alles beweisen? Müssen Formeln sein? Warum ist minus mal minus gleich plus?

Und einige Fragen gehen erheblich über den sicheren Bereich der Mathematik hinaus: Können Außerirdische unsere Mathematik verstehen? Kann man die Existenz Gottes beweisen? Warum können Mathematiker nicht rechnen?

In diesem Buch habe ich meine Antworten aufgeschrieben. Dabei habe ich mich zum einen bemüht, die Fragen ernst zu nehmen. Die Antworten müssen richtig sein, ich kann nicht etwas zusammenphantasieren, sondern muss diese auch als Wissenschaftler verantworten können. Zum anderen habe ich auch den Fragesteller ernst genommen, indem ich immer versucht habe, klare Antworten zu geben. Denn letztlich will man ja doch wissen: «Was ist denn eigentlich los?»

Natürlich sind sowohl die Auswahl der Fragen als auch der Zuschnitt der Antworten persönlich geprägt. Und manchmal musste ich auch meinen Mut zusammennehmen, um die Antwort so klar, prägnant und pointiert stehen zu lassen. Ich habe mich dabei an dem wunderbaren Satz orientiert, den Theodor Fontane seinen Stechlin sagen lässt: «Unanfechtbare Wahrheiten gibt es überhaupt nicht, und wenn es welche gibt, so sind sie langweilig.»

Ich hoffe, mit diesem Buch alle Fragen beantwortet zu haben. Aber wenn Sie noch eine Frage haben und glauben, dass ich Ihnen helfen kann, dann schreiben Sie mir doch einfach: albrecht.beutelspacher@mathematikum.de.

Grundlagen

1
Was ist Mathematik?

Die schwierigste Frage zu Beginn!
Deshalb gebe ich gleich vier Antworten.

1. Man kann Mathematik dadurch definieren, dass man sie inhaltlich beschreibt, also die *Objekte* benennt, die in der Mathematik untersucht werden.

Traditionell unterscheidet man Geometrie, Algebra, Analysis und Stochastik. Geometrie ist die Lehre des uns umgebenden Raums, den wir dadurch zu erfassen versuchen, dass wir Punkte, Geraden, Ebenen, Dreiecke, Vierecke, Kreise und so weiter definieren und durch deren Studium ein immer besseres Verständnis des Raums erhalten. Wie die Geometrie hatte auch die Algebra ihre erste Blütezeit in der griechischen Antike. Man studiert unter diesem Begriff Zahlen und deren Eigenschaften, zum Beispiel Primzahlen. Die Analysis, auch Differential- und Integralrechnung genannt, ist die Lehre von Größen, die sich kontinuierlich verändern. Sie wurde wesentlich geprägt von Leibniz und Newton. Die Stochastik ist die jüngste der vier Disziplinen; sie ist die mathematische Lehre vom Zufall.

2. Man kann Mathematik auch dadurch definieren, dass man ihre *Methode* beschreibt, die sie aus der Menge aller anderen Wissenschaften heraushebt.

Was die Mathematik wirklich auszeichnet, ist der Beweis, also die rein logische Ableitung ihrer Aussagen.

Mathematik behandelt Begriffe, die klar definiert sind: Dreiecke, Vierecke, Kreise, ganze Zahlen, Primzahlen, Funktionen und so weiter. Sie behandelt Eigenschaften dieser Begriffe und Beziehungen dieser Eigenschaften: In jedem rechtwinkligen Dreieck gilt der Satz des Pythagoras.

Durch diese logischen Beziehungen wird Ordnung in die Welt der Begriffe gebracht.

3. Man kann auch den Blick nach außen wenden und das Augenmerk auf die *Beschreibung und Beherrschung der Welt* durch die Mathematik richten.

Galileo Galilei (1564–1642) war der Überzeugung, dass Mathematik die Sprache der Natur ist.

Mathematik ist das mächtigste Instrument, mit dem wir die Welt um uns herum beschreiben, erkennen und strukturieren können.

4. Eine moderne und, wie ich finde, sehr treffende Beschreibung stammt von dem Mathematiker Hans Freudenthal (1905–1990), der gleichermaßen als Fachwissenschaftler und als Didaktiker Herausragendes geleistet hat. Er sagt: «Mathematische Begriffe, Konzepte und Verfahren sind Werkzeuge, mit denen wir Phänomene der physikalischen, der sozialen und der mentalen Welt gedanklich organisieren.»

In dieser Definition kommt deutlich zum Ausdruck, dass Mathematik *von Menschen gemacht* wird: «*Wir*... organisieren.» Mathematik entsteht nicht von alleine, sondern durch aktives Handeln von Menschen.

Übrigens: Dieses Buch gibt noch 100 weitere Antworten auf die Frage, was Mathematik ist.

2
Seit wann gibt es Mathematik?

Mathematik ist – zusammen mit der Astronomie – die älteste Wissenschaft. Trotzdem gibt es mindestens drei Antworten auf die Frage, seit wann es Mathematik gibt.

Erste Antwort: seit etwa 30 000 Jahren. Aus dieser Zeit stammen die ersten Kulturzeugnisse der Menschheit, darunter auch Knochen, die viele Kerben enthalten. Diese sind so sorgfältig, so gleichmäßig und so systematisch ausgeführt, dass die Historiker sicher sind: Dabei handelt es sich um Zahlendarstellungen. Was damit gezählt wurde und warum, wissen wir nicht. Aber klar ist: Schon damals gab es Menschen, die gezählt haben und für die das Ergebnis so wichtig war, dass sie es mühsam in Knochen eingekerbt haben.

Die zweite Antwort lautet: Mathematik gibt es seit etwa 5000 Jahren. Damals benutzten sowohl die Babylonier als auch die Ägypter hoch entwickelte mathematische Methoden. Sie konnten Zahlen sinnvoll notieren, gewisse Gleichungen lösen, Kalenderberechnungen durchführen und Land vermessen. Dazu benutzten sie Erkenntnisse wie den Satz des Pythagoras, die wir heute, ohne zu zögern, der Mathematik zuordnen. Soweit wir das beurteilen können, wurden diese Erkenntnisse wie Naturgesetze angenommen. Das heißt, sie wurden an Beispielen überprüft und dann einfach verwendet.

Daher ist eine dritte Antwort notwendig. Diese lautet: Vor etwa 2500 Jahren haben die Griechen die Mathematik in unserem Sinne erfunden. Denn ihnen ist damals bewusst geworden, dass man durch genaues Nachdenken, scharfes Argumentieren sowie folgerichtiges Schließen zu Erkenntnissen gelangen kann und nicht nur durch Augenschein, Erfahrung und Intuition.

Damals wurden drei Begriffe geprägt: Definition, Satz, Beweis. Dieser Dreiklang ist heute etwas in Misskredit geraten – verständlicherweise, denn er wurde jahrzehntelang als didaktisches Allheilmittel benutzt, wofür er nie gedacht war.

In einer *Definition* wird ein Begriff präzise beschrieben und unmissverständlich von anderen abgegrenzt. In der Mathematik wissen wir immer ganz genau, worüber wir reden. Wenn wir «Kreis» sagen, dann meinen wir damit nicht irgendetwas Rundes, dem bei Bedarf irgendwelche Eigenschaften zugesprochen werden, sondern ein Kreis ist definiert als die Menge aller Punkte, die vom Mittelpunkt den gleichen Abstand haben. Und man darf nur diese Eigenschaft benutzen.

Die Erkenntnisse der Mathematik werden in *Sätzen* dargestellt. Hier gilt Ähnliches wie bei den Definitionen: Wir wissen auch immer genau, was wir beweisen müssen oder was wir bewiesen haben.

Der *Beweis* ist die Methode der Mathematik zur Wahrheitssicherung. Das ist das «scharfe Nachdenken» in geordneter Form. Ein Beweis basiert auf rein logischen Schlussfolgerungen, ist also so objektiv wie möglich.

Ich weiß, dass viele Schülerinnen und Schüler sowie manche Studierende Beweise nicht mögen, und ich weiß auch, dass im Schulunterricht immer weniger Beweise vorkommen. Das finde ich nicht nur persönlich schade, sondern es ist ein Fehler. Denn genau dadurch zeichnet sich die Mathematik vor allen anderen Wissenschaften aus, dass man in ihr die Ergebnisse durch reine Logik und deshalb mit einem Höchstmaß an Objektivität erhält.

Denken Sie mal an den Satz des Pythagoras, den berühmtesten mathematischen Satz: In jedem rechtwinkligen Dreieck, dessen kurze Seiten die Längen a und b haben und dessen lange Seite die Länge c hat, gilt $a^2+b^2=c^2$. Dieser Satz wurde vor 2500 Jahren zum ersten Mal bewiesen, er gilt heute noch wörtlich so wie damals – und er wird auch in 2500 Jahren noch genauso gelten wie heute und damals! Welche Wissenschaft kann das von sich behaupten?

3
Welches ist das erste Mathematikbuch?

Etwa 300 Jahre vor Christus schrieb ein Mann ein Buch, das zu den Werken mit den größten Auswirkungen auf die Geschichte gehört. Es hat zwar keine politischen, gesellschaftlichen oder religiösen Umwälzungen hervorgebracht wie etwa die *Bibel*, der *Koran* oder *Das Kapital*, aber es hat einen kaum vorstellbaren Einfluss auf die Entwicklung der Wissenschaft genommen: Die Geschichte der Mathematik wäre ohne dieses Buch völlig anders verlaufen. Es ist das mit Abstand wichtigste – und übrigens auch erfolgreichste – Mathematikbuch aller Zeiten.

Der Mann hieß Euklid, und das Buch, das er schrieb, heißt *Die Elemente*.

Über den Menschen Euklid wissen wir fast nichts. Er wirkte vermutlich zwischen 320 und 260 v.Chr. in Alexandria, dem damaligen Wissenschaftszentrum der Welt, und gilt als Begründer der mathematischen Schule von Alexandria. Er hat zahlreiche Bücher verfasst, darunter sechs mathematische.

Euklids berühmtestes Werk sind zweifellos *Die Elemente*, ein Werk, das in 13 Bücher eingeteilt ist. Die Bücher I bis IV behandeln die Geometrie der Ebene, Buch V die Proportionenlehre, Buch VI stellt die Ähnlichkeitsgeometrie dar, die Bücher VII bis IX Zahlentheorie, Buch X studiert inkommensurable Strecken, die Bücher XI bis XIII behandeln schließlich räumliche Geometrie.

Wenn man das Buch aufschlägt, ist man verblüfft von dessen Nüchternheit. Es beginnt nicht mit einer programmatischen Vorrede, nicht mit einem Verweis auf die Vorgänger, nicht mit Danksagungen, sondern es geht direkt los. Definitionen, Axiome, Postulate, nur wenige Seiten und dann Sätze, Aufgaben und Konstruktionen.

Vermutlich gibt es kaum Sätze in den *Elementen*, die Euklid als Erster bewiesen hat. Das war nicht sein Ziel. Das Ziel der *Elemente* war es, das damalige mathematische Wissen systematisch zusammenzufassen. Schon eine bloße Zusammenfassung wäre eine bewundernswerte Leistung gewesen, die Euklid Unsterblichkeit gesichert hätte.

Aber das Buch ist kein Lexikon, auch keine Datenbank, in der alles gleichwertig nebeneinandersteht. Die Leistung Euklids besteht darin, alles in Form gebracht zu haben, in die mathematische Form. Und dies bedeutet, dass eines aus dem anderen folgt, ja folgen muss. Der Aufbau ist folgerichtig so, dass alle Aussagen bewiesen werden und zum Beweis nur logische Schlüsse zugelassen sind, in denen Aussagen benutzt werden, die schon bewiesen sind! Das heißt: Für die Aussage Nummer 29 darf man nur die Sätze 1 bis 28 verwenden. Das kann man natürlich nicht ad infinitum machen, sondern man muss auf irgendwelche Aussagen aufbauen: Dies sind die Grundsätze oder Postulate, zu denen wir heute Axiome sagen. Ein typisches Postulat lautet: Durch je zwei Punkte kann man eine gerade Linie ziehen. Also lautet die Regel: Zum Beweis des Satzes Nummer 29 darf man nur die Sätze 1 bis 28 und die Postulate verwenden.

Die Elemente sind ein stilbildendes Werk, das mustergültig den Aufbau einer Wissenschaft zeigt, ein Werk, das Orientierung gibt und Maßstäbe setzt!

Euklid hat einen De-facto-Standard geschaffen, der nun 2300 Jahre lang die Mathematik geprägt, ja definiert hat und dies tun wird, solange es Mathematik geben wird.

4
Was ist ein Punkt?

Der erste Satz des ersten Mathematikbuchs der Welt, der *Elemente* des Euklid, lautet: «Definitionen. 1. Ein *Punkt* ist, was keine Teile hat.»

Natürlich beginnt Euklid mit Definitionen. Damit man genau weiß, worüber man spricht. Dann kommen die Postulate und Axiome, zum Beispiel «Gefordert soll sein, dass man von jedem Punkt nach jedem Punkt die Strecke ziehen kann», und anschließend folgen Sätze, die meist als herausfordernde Aufgabe gestellt sind. Der erste lautet: «Über einer gegebenen Strecke ein gleichseitiges Dreieck errichten.»

All diese Sätze werden bewiesen. Das heißt, sie werden mit logischen Schlussregeln aus den Postulaten und Axiomen sowie den schon bewiesenen Sätzen gefolgert. Das ist perfekt und vorbildlich. So wie Mathematik sein soll.

Es bleibt nur ein kleiner Makel. Die erste Definition, die Definition eines Punktes, die so klar zu sein scheint, wird nie verwendet. Auch die zweite Definition: «Eine *Linie* ist eine breitenlose Länge», wird nie benutzt. Nie gibt es ein Argument, das sagt: «Aus der Definition eines Punktes, nämlich dass er keine Teile hat, folgt das und das.» Hat Euklid das vergessen?

Die Mathematik hat über 2000 Jahre gebraucht, um dieses Problem zu lösen. Immer wieder hat man versucht zu beschreiben, was denn ein Punkt wirklich *ist*. Dabei stellte sich allgemeines Unbehagen ein, nicht weil das zu schwierig oder gar unmöglich war, sondern weil man diese Definitionen allesamt nicht verwenden konnte. Das scheint negativ zu sein, aber es ist absolut positiv. Man *braucht* keine solche Definition. Man muss nicht wissen, was ein Punkt «ist», um Geometrie machen zu können. Das klingt paradox, aber es ist eine befreiende Erkenntnis.

Der Erste, der diese Erkenntnis klar aussprach, war der Gießener Mathematiker Moritz Pasch im 19. Jahrhundert. Das Problem, was denn ein Punkt sei, wurde nicht gelöst, sondern es hat sich aufgelöst. Es reicht, die Postulate und Axiome zu kennen. Das ist so ähnlich wie beim Schachspiel. Man muss nicht wissen, was ein Turm «ist», sondern muss nur die Regeln kennen, nach denen er zieht, schlägt und geschlagen wird.

Unübertrefflich drastisch hat dies David Hilbert zum Ausdruck gebracht, der bedeutendste Mathematiker der ersten Hälfte des 20. Jahrhunderts. Er sagt radikal: «Man muss jederzeit anstelle von ‹Punkten›, ‹Geraden› und ‹Ebenen› ‹Tische›, ‹Stühle› und ‹Bierseidel› sagen können.»

5
Was ist ein Beweis?

«Seit der Zeit der Griechen bedeutet ‹Mathematik› zu sagen, ‹Beweis› zu sagen», schreibt Nicolas Bourbaki, und er muss es wissen. Denn hinter dem Pseudonym «Nicolas Bourbaki» verbirgt sich ein weitgehend französisches Autorenkollektiv höchster mathematischer Qualität, das seit 1934 der Mathematik neue, «strenge» Grundlagen gab. Insbesondere war der Anspruch von Bourbaki, dass alles bewiesen werden muss.

Eine Aussage wird bewiesen, indem sie aus schon bewiesenen Aussagen durch rein logische Argumente abgeleitet wird. Wenn wir zum Beispiel den Satz des Thales («Der Winkel im Halbkreis ist ein rechter») beweisen, dann dürfen wir den Basiswinkelsatz («In einem gleichschenkligen Dreieck sind die Basiswinkel gleich groß») und den Winkelsummensatz («In jedem Dreieck ist die Summe der Innenwinkel gleich 180°») benutzen, denn diese wurden schon vorher bewiesen.

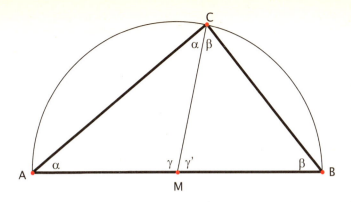

Der Beweis funktioniert grob so: Aufgrund des Basiswinkelsatzes sind die beiden mit α beziehungsweise β bezeichneten Winkel gleich groß. Nun nützt man die Winkelsumme in den beiden Dreiecken rechts und links aus sowie die Tatsache, dass die Winkel γ und γ' zusammen 180° ergeben. Daraus ergibt sich α+β=90°.

Entscheidend ist, dass dieser Beweis nur dann Gültigkeit hat, wenn zuvor der Basiswinkelsatz, der Winkelsummensatz und der Satz über die Nebenwinkel («γ+γ'=180°») bewiesen worden sind.

Um diese Sätze zu beweisen, darf man wiederum nur Sätze benutzen, die schon vorher bewiesen wurden. Und so weiter. Aber irgendwann ist dieser Rückgriff auf bereits bewiesene Sätze natürlich ausgeschöpft. Irgendwo muss jeder Beweis schließlich verankert werden. Das bedeutet: Man führt alles auf Sätze zurück, die nicht bewiesen werden. Weil sie nicht mehr bewiesen werden können. Diese Sätze nennt man Axiome. Ein Axiom ist zum Beispiel der Satz: «Je zwei verschiedene Punkte liegen auf genau einer Geraden.»

Zusammenfassend gesagt: Zum Beweis eines Satzes darf man zum einen schon bewiesene Sätze verwenden und zum anderen die Axiome – und nur diese!

Übrigens: Ein Beweis ist weit entfernt von einer rein

logischen Spielerei. In der Regel liegt ihm eine höchst kreative Leistung zugrunde. Das kann man im Kleinen schon bei obigem Beweis des Satzes von Thales sehen. Der entscheidende Zug bestand darin, die Punkte C und M zu verbinden. Wenn das geschehen ist, läuft der Rest fast automatisch.

Jeder, der sich mit Mathematik beschäftigt, weiß, dass Beweise oft schwer nachzuvollziehen sind. Aber noch viel schwieriger ist es, einen Beweis zu finden. Das ist so wie in der Musik: Eine Beethovensonate zu spielen ist eine große Leistung – aber unvorstellbar viel größer ist die Leistung, die Sonate zu komponieren!

6
Was sind Axiome?

Axiome sind die Grundaussagen, aus denen sich, ausschließlich mit Hilfe logischer Schlüsse, alle gültigen Aussagen einer Theorie ergeben. Diese «axiomatische Methode» wurde bereits im ersten Mathematikbuch der Welt, den *Elementen* von Euklid, kompromisslos angewandt.

Euklid unterscheidet zwischen «Axiomen», die für ihn logische Regeln sind, und «Postulaten», die sich auf die Geometrie beziehen. Wir würden heute beides Axiome nennen.

Über viele Jahrhunderte hinweg war man jedoch der Meinung, dass Axiome nicht nur Grundlagen einer Theorie sind, sondern dass sie sich noch durch etwas anderes auszeichnen, nämlich durch ihre unmittelbar einleuchtende Wahrheit. Aristoteles hat auch hier eine enorme Wirkung gehabt. Bei ihm bedeutet *axiôma* einen Satz, der eines Beweises nicht bedürftig ist.

Durch die Verknüpfung beider Aspekte wurde logische Folgerichtigkeit an Wahrheit gekoppelt: Da die Axiome wahr sind, müssen auch die aus den Axiomen logisch abgeleiteten Sätze wahr – und nicht nur «richtig» – sein.

Man hätte schon etwas misstrauisch werden können, denn die Axiome sind keineswegs eindeutig festgelegt. Eine Theorie hat in der Regel viele Axiomensysteme. Manche Axiome kann man gleichwertig durch andere Aussagen ersetzen. Das euklidische Parallelenpostulat ist zum Beispiel gleichwertig mit dem Satz «Die Winkelsumme im Dreieck beträgt 180°» oder mit dem Satz «Durch drei Punkte, die nicht auf einer Geraden liegen, geht ein Kreis».

Den Knoten durchschnitten hat mit der ihm eigenen Radikalität der Mathematiker David Hilbert (1862–1943). Er hat die «ontologische Bindung» gekappt und klargemacht, dass Axiome nur das logische Fundament einer Theorie sind. Die Frage der Wahrheit stellt sich nach Hilbert überhaupt nicht. Denn um Mathematik zu machen, brauchen wir nicht zu wissen, was die Begriffe, die in den Axiomen vorkommen (Punkte, Geraden usw.), «sind». Wir müssen nicht wissen, was ein Punkt oder eine Gerade «ist», wir müssen nur wissen, wie man mit ihnen operiert. Diese Spielregeln werden durch die Axiome beschrieben. Die Frage nach der Wahrheit der Axiome stellt sich grundsätzlich nicht.

Man kann eine Theorie aus den Axiomen entwickeln, ohne eine etwaige Bedeutung der Begriffe oder eine eventuelle Wahrheit der Axiome postulieren zu müssen. Kommt es dann zur Anwendung gewisser Ergebnisse der Theorie, muss überprüft werden, was die Grundbegriffe in der realen Situation bedeuten und inwiefern die Axiome innerhalb dieses Kontextes wahre Aussagen sind.

Übrigens ist unter dem Eindruck dieser Diskussion auch Bertrand Russells Spitze zu verstehen, die nicht nur als abschätziges Bonmot gelesen werden sollte: «So kann also die Mathematik definiert werden als diejenige Wissenschaft, in der wir niemals das kennen, worüber wir sprechen, und niemals wissen, ob das, was wir sagen, wahr ist.»

7
Wie kann man beweisen, dass etwas nicht existiert?

Viele Erkenntnisse der Mathematik sind «negative» Ergebnisse in dem Sinne, dass man zeigt, dass ein hypothetisches Objekt *nicht* existiert. Oder dass ein Objekt eine gewisse Eigenschaft *nicht* hat. Einige Beispiele:

- Die Zahl Wurzel 2 ist keine rationale Zahl, das heißt, sie kann nicht als Bruch mit ganzzahligem Zähler und Nenner geschrieben werden. Formal ausgedrückt: Es gibt keine ganzen Zahlen m und n, so dass $\sqrt{2}=m/n$ ist.
- Es gibt keine größte Primzahl.
- Der letzte Satz von Fermat: Für eine natürliche Zahl n>2 gibt es keine positiven ganzen Zahlen x, y, z mit $x^n+y^n=z^n$.

Solche «negativen» Aussagen sind nicht schlimm. Sie sind auch keine minderwertigen Sätze, im Gegenteil: Sie gehören zu den Perlen der Mathematik.

Wie kann man eine solche Aussage beweisen? Naiv denkt man, dass man dazu eine unendliche Fülle von Fällen einzeln durchprobieren muss. Beim Nachweis der Irrationalität von $\sqrt{2}$ müsste man also alle Paare von ganzen Zahlen testen und sich jeweils überzeugen, dass $\sqrt{2}$ nicht gleich dem Bruch aus diesen beiden Zahlen ist. Das ist kein vernünftiges Vorgehen, denn bei unendlich vielen Fällen kommt man nie zum Ziel.

Man braucht eine Methode, mit der man alle unendlich vielen Fälle sozusagen «auf einen Schlag» erledigen kann. Die Methode heißt «Beweis durch Widerspruch»: Man nimmt an, dass die Aussage doch richtig ist, und erreicht dann in einer mehr oder weniger kurzen Folge von logischen Schlüssen einen Widerspruch. Der Widerspruch kann nur daher kommen, dass die Annahme falsch ist. Also ...

Zum Nachweis der Irrationalität von $\sqrt{2}$ geht man demgemäß so vor: Wir nehmen an, dass es ganze Zahlen m und n gibt, so dass $\sqrt{2} = m/n$ ist. Man kann die Zahlen m und n sogar so wählen, dass der Bruch m/n so weit wie möglich gekürzt ist. Das bedeutet, dass die Zahlen m und n keinen gemeinsamen Teiler haben, der größer als 1 ist. Insbesondere können dann nicht beide Zahlen m und n gerade sein. Diese Aussage scheint harmlos zu sein, sie ist aber ein entscheidendes Element des Beweises.

Nun kommen die logischen Schlüsse. Zunächst quadrieren wir die Gleichung der Annahme und erhalten

$$2 = m^2/n^2.$$

Anschließend multiplizieren wir diese Gleichung mit n^2 und erhalten

$$2n^2 = m^2.$$

Jetzt bekommen wir schnell raus, dass sowohl m als auch n gerade sein müssen. Und das ist der Widerspruch.

Dazu müssen wir unsere Blicke nur von links nach rechts und wieder zurück schweifen lassen: Sicher ist die linke Seite obiger Gleichung eine gerade Zahl (weil sie 2 mal irgendetwas ist). Also muss auch die rechte Seite gerade sein. Das geht nur so, dass die Zahl m gerade ist, und dann ist die rechte Seite, nämlich m mal m, sogar ein Vielfaches von 4.

Nun blicken wir ein letztes Mal nach links: Auch diese Seite muss also ein Vielfaches von 4 sein, und das heißt, dass n^2 eine gerade Zahl ist. Dies bedeutet wiederum, dass auch n gerade ist.

8
Ist Mathematik eine Natur- oder eine Geisteswissenschaft?

Diese Frage hat eine glasklare Antwort: Mathematik ist eine Geisteswissenschaft, und zwar die radikalste!

Die Naturwissenschaften (Physik, Chemie, Biologie) erforschen die Naturgesetze. Ihre Methode besteht darin, Hypothesen aufzustellen und diese dann durch Experimente zu verifizieren oder zu falsifizieren.

Das entscheidende Wort ist hier «Experiment». Das ist der ultimative Prüfstein in den Naturwissenschaften.

In der Mathematik ist das ganz anders. Ihre Methode, Wahrheit zu sichern, ist der Beweis. Die Gegenstände und die Methode der Mathematik sind Objekte unserer Vorstellung und unseres Denkens. Virtuelle, «ausgedachte» Objekte, deren Beziehungen durch «Spielregeln» geregelt sind. Auf diese kann man die Regeln der Logik anwenden und so Sätze beweisen.

Das Missverständnis, Mathematik sei «so etwas wie» eine Naturwissenschaft, kommt daher, dass Mathematik in den Naturwissenschaften, vor allem in der Physik, spektakuläre Anwendungen hat. Das zeigt sich unter anderem darin, dass viele große Mathematiker auch bedeutende Physiker waren – und umgekehrt. Um nur die größten zu nennen: Archimedes, Newton, Euler, Gauß und Hilbert.

9
Warum ist Mathematik so abstrakt?

Ja, Mathematik ist abstrakt. Und das ist gut so.

Mathematik handelt nicht von realen Gegenständen, sondern von idealen, sozusagen virtuellen Objekten. Völlig klar wird uns das, wenn wir daran denken, wie die Griechen vor über 2000 Jahren Geometrie betrieben haben: Sie haben die geometrischen Figuren in den Sand gezeichnet. Auch wenn Sie noch nie einen Kreis in den Sand gezeichnet und eine Tangente an diesen Kreis konstruiert haben, können Sie sich vorstellen, dass man vor lauter sich kreuzenden Spuren im Sand überhaupt nichts mehr erkennt – es sei denn, man denkt an den eigentlichen Kreis und die eigentliche Tangente.

Wenn man Geometrie im Sand macht, dann muss man abstrahieren! Denn es ist klar, dass ein Kreis nicht die in den Sand gepflügte Furche ist, sondern eine Linie, die so fein und so perfekt rund ist, dass sie nur in unserem Kopf existieren kann.

Selbst wenn man die geometrischen Gebilde mit einem fein gespitzten Bleistift oder mit einem Computerprogramm zeichnet, ist dies nur ein gradueller Fortschritt, denn unterm Mikroskop zeigen sich die Bleistiftlinie und der Ausdruck des Computers als breites, zerklüftetes Gebirge. Der Übergang von der Realität zur Abstraktion verläuft nicht stetig, sondern ist ein qualitativer Schritt. Vorher ist es noch keine Mathematik, anschließend nur Mathematik.

Euklid nimmt diesen Abstraktionsprozess in seinem Buch *Die Elemente* auf; das erkennt man bereits an den ersten Sätzen seines Buches: «Ein Punkt ist, was keine Teile hat. Eine Linie ist eine breitenlose Länge.» Das sind keine Definitionen im modernen Sinne, man spürt noch ihre Herkunft aus der Sandmathematik.

Abstraktion ist etwas Gutes. Und etwas Einfaches. Man kann geradezu sagen: Abstraktion ist Vereinfachung. Denn beim Abstrahieren kümmert man sich nur um das Wesentliche und lässt unwichtige Details einfach weg.

Das kennen wir auch aus dem Alltag. Wenn wir ein Zimmer neu einrichten, machen wir einen Grundriss und orientieren uns daran. Der Grundriss enthält längst nicht alles, was im Zimmer zu sehen ist, sondern reduziert die Fülle des Erfahrbaren auf das, was für die Einrichtung des Zimmers wesentlich ist.

Genauso konzentriert sich die Mathematik auf das jeweils Wesentliche.

10
Hat Pythagoras den Satz des Pythagoras erfunden?

Nein. In Babylonien war der Satz schon mindestens tausend Jahre vorher bekannt. Immerhin ist der Satz des Pythagoras ein unverzichtbares Instrument zur Berechnung von Abständen und Längen, so dass es nicht unplausibel ist, dass er an verschiedenen Stellen und zu verschiedenen Zeiten auftauchte, so in Babylonien, Indien und China.

Der Satz des Pythagoras trifft eine Aussage über die Seitenlängen eines rechtwinkligen Dreiecks. Die beiden kürzeren Seiten nennt man Katheten; sie sind diejenigen, die an dem rechten Winkel angrenzen; ihre Längen werden üblicherweise mit a und b bezeichnet. Die dem rechten Winkel gegenüberliegende Seite ist die Hypotenuse mit der Länge c. Der Satz des Pythagoras stellt fest, dass die Längen a, b, c auf überraschende Weise zusammenhängen. Es gibt keine Formel, in der die Zahlen a, b, c «linear», das heißt ohne Hochzahlen, vorkommen, sondern man muss die Längen quadrieren. Die berühmte Gleichung lautet: $a^2+b^2=c^2$.

Geometrisch ausgedrückt heißt dies: Die Quadrate über den beiden Katheten sind zusammen genauso groß wie das Quadrat über der Hypotenuse.

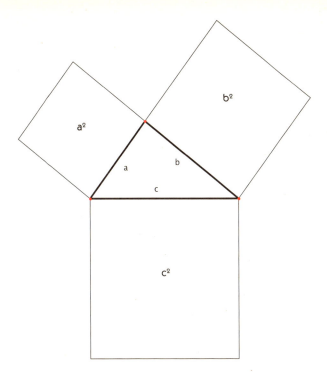

Wie gesagt, die Babylonier kannten diesen Satz schon spätestens 1500 v. Chr. Pythagoras (ca. 570–510 v. Chr.) kannte die babylonische Mathematik, und so ist es nicht verwunderlich, dass er auch den «Satz des Pythagoras» kannte. Er gilt aber als der Erste, der diesen Satz bewiesen hat. Aus der babylonischen Mathematik sind uns keinerlei Anzeichen für einen Beweis überliefert: Die Aussage wurde benutzt, um etwas zu berechnen.

Nicht einmal dass Pythagoras «seinen» Satz bewiesen hat, ist sicher. Allerdings muss er in dieser Zeit bewiesen worden sein, denn in den *Elementen* des Euklid (ca. 300 v. Chr.) wird der Satz schon mit Beweis aufgeführt.

Zahlen

11
Welches ist die älteste Zahl?

Wann der erste Mensch gezählt hat, wissen wir nicht. Wir wissen auch nicht, wann zum ersten Mal eine Zahl schriftlich notiert wurde. Aber wir haben sehr alte Zeugnisse von Zahlendarstellungen. Die ältesten Dokumente sind 20 000 bis 30 000 Jahre alt. Aus dieser Zeit stammen die ersten Kulturzeugnisse der Menschheit, und dazu gehören auch einige Knochen, die viele Kerben enthalten. Die Historiker sind davon überzeugt, dass diese Kerben weder zufällig durch Herumprobieren entstanden sind noch «nur» schmückende Funktion haben, sondern dass es sich aufgrund ihrer systematischen Anordnung um Zahlendarstellungen handeln muss. Dabei werden durchaus große Zahlen dargestellt, wie etwa 55 oder 60.

Wir wissen nicht, wozu diese Zahlen verwendet wurden, was damit gezählt wurde oder wer auf die Idee kam, Zahlen zu notieren: Wir haben nur ein paar Knochen mit Kerben. *Ein* Fund hat allerdings die Fantasie der Forscher in besonderer Weise angeregt. Dies ist der nach seinem Fundort so genannte Ishango-Knochen, der 1960 am Lake Edward in Zaire an der Grenze zu Uganda gefunden wurde und etwa 20 000 Jahre alt ist.

Der Ishango-Knochen

Nicht das Alter ist das Erstaunliche, sondern die Zahlen, die auf diesem Knochen – in Form von Einritzungen – dargestellt sind. An einer Stelle sehen wir die Zahlen 3 – 6, 4 – 8, 10 – 5. Offenbar werden hier Verdoppelung und Halbierung präsentiert. An einer anderen Stelle lesen wir mit noch größerem Erstaunen 11 – 13 – 17 – 19. Das sind die Primzahlen zwischen 10 und 20: 11, 13, 17, 19. Kaum zu glauben! Wozu sollen die Menschen vor 20 000 Jahren Primzahlen gebraucht oder sich vielleicht auch ohne Nutzanwendung dafür interessiert haben? Fragen über Fragen, und natürlich wurden auch viele Antworten gegeben: Es ist verführerisch zu vermuten, dass dieser Knochen nicht nur pure Anzahlen zeigt, sondern auch Zahlenverarbeitung; das hieße, damals wurde nicht nur gezählt, sondern auch schon gerechnet. Ob man von einer «prähistorischen Rechenmaschine» sprechen kann oder ob der Ishango-Knochen in Wirklichkeit ein Mondkalender ist, muss unentschieden bleiben, da sich keine dieser Hypothesen durch weitere Indizien belegen lässt. Wir haben nur den Knochen. Aber der ist erstaunlich genug!

12
Seit wann kann man mit Zahlen rechnen?

Zahlen irgendwie aufzuschreiben ist eine Sache. Zahlen sinnvoll aufzuschreiben eine andere.

Das erste vernünftige Zahlensystem haben die Babylonier vor etwa viertausend Jahren benutzt. Diese Mathematik wurde in Mesopotamien, dem Zweistromland, dem heutigen Irak, entwickelt.

Die Babylonier hatten so etwas Ähnliches wie unser Dezimalsystem. Für sie war aber nicht 10 die entscheidende Zahl, sondern 60. Das heißt, sie benutzten ein Stellenwertsystem zur Basis 60.

Davon merken wir noch heute, nach viertausend Jahren, etwas. Ganz deutlich ist dies bei der Zeiteinteilung: Eine Stunde besteht aus 60 Minuten, und eine Minute hat 60 Sekunden, so dass eine Stunde aus genau 60 mal 60 gleich 3600 Sekunden besteht. Auch bei der Gradeinteilung schimmert die 60 durch: Der gesamte Kreis ist in 360 Grad (gleich 6 mal 60) eingeteilt. Eigentlich toll, dass so etwas viertausend Jahre überlebt hat.

Das System zur Basis 60 bedeutet zweierlei: Erstens, man benutzt Ziffern von 1 bis 59. Zweitens, die Ziffern haben einen unterschiedlichen Wert, je nachdem, an welcher Stelle sie stehen. Wenn zum Beispiel die Ziffer 5 an der letzten Stelle, der Einerstelle, steht, hat sie auch nur den Wert 5. Die vorletzte Stelle ist nicht, wie bei uns, die Zehnerstelle, sondern die Sechzigerstelle. Eine 2 an dieser Stelle hat also den Wert 2 mal 60 gleich 120.

Die vorvorletzte Stelle ist im Dezimalsystem die Hunderterstelle, weil 10 mal 10 einhundert ist. Im 60er-System hat diese Stelle die Wertigkeit 60 mal 60 gleich 3600. Eine 3 an der vorvorletzten Stelle hat also den Wert 3 mal 3600 gleich 10 800. Und die Zahl mit den Ziffern 325 hat im 60er-System den Wert 10 800 (für 3 mal 3600) plus 120 (für 2 mal 60) plus 5, also 10 925.

Anders gesagt: Dies ist genau die Anzahl der Sekunden in 3 Stunden, 2 Minuten und 5 Sekunden.

Mit diesem System konnten die Babylonier wunderbar rechnen: Addieren, Subtrahieren, Multiplizieren und Dividieren geht ganz genauso, wie wir es in der Schule gelernt haben. Allerdings: Eines hatten die Babylonier noch nicht: die Null, die Ziffern gingen nur von 1 bis 59.

13
Wie rechneten die Ägypter?

Im Jahr 1858 kaufte der schottische Jurist Alexander H. Rhind in Luxor in Ägypten eine antike Papyrusrolle. Es ist unwahrscheinlich, dass sich Mr. Rhind der außergewöhnlichen Bedeutung seines Kaufobjekts bewusst war. Heute befindet sich die Rolle unter dem Namen «Papyrus Rhind» im Britischen Museum und ist das umfangreichste Dokument, das wir von der altägyptischen Mathematik haben. Es stammt etwa aus dem Jahre 1650 v. Chr., ist aber die Abschrift eines noch zweihundert Jahre älteren Dokuments.

Dass die Ägypter Mathematik kannten, ist klar: Um die Pyramiden zu bauen, muss man hervorragende Fertigkeiten in Geometrie und im Rechnen haben. Der Papyrus Rhind zeigt uns, wie die Ägypter gerechnet haben. Er enthält 84 Aufgaben. Keine Theorie, keine Formeln, keine allgemeine Anleitung, sondern konkrete Aufgaben.

Diese Anlage des Papyrus legt auch einen Schluss auf das Lernen nahe. Vielleicht war es tatsächlich so, dass Mathematik eine Art Handwerk war, das man gelernt hat, indem

Ausschnitt aus dem ägyptischen Papyrus Rhind

man es sich vom Meister abschaute: Man bekam zunächst Aufgaben vorgerechnet, dann rechnete man selbst, vermutlich unter Anleitung, eine Aufgabe nach der anderen, so lange, bis man «es konnte».

Eine Methode war die sogenannte Hau-Methode. Hau bedeutet «Haufen» oder «Menge», mathematisch gesprochen, eine unbekannte Größe, modern gesagt: das x.

Die Aufgabe 26 aus dem Papyrus Rhind lautet: Eine Größe (Hau) und ihr Viertel ergeben zusammen 15. Was ist die Größe?

Die Hau-Methode ist genial. Genial einfach. Sie besteht geradezu darin, es sich – zunächst – einfach zu machen: Man denkt sich irgendeine Lösung, eine Fantasielösung, mit der man aber gut rechnen kann: Zum Beispiel denkt man sich 4. Vier und ein Viertel davon ergibt fünf.

Das ist nun nicht das, was rauskommen soll. Das Ergebnis soll ja 15 und nicht 5 sein. Das Ergebnis ist also das Dreifache. Daher nehmen wir jetzt auch das Dreifache der ursprünglich gewählten Fantasielösung. Man erhält 3 mal 4 gleich 12 und damit die wirkliche Lösung. Denn 12 plus ein Viertel ist 12 plus 3, also 15.

14
Wie rechneten die Römer?

Die römischen Zahlen sind nicht fürs Rechnen gemacht. Sie sind dazu da, in Stein gemeißelt zu werden, um Jahreszahlen, Beutemengen und Ähnliches für die Ewigkeit anzuzeigen. Aber rechnen?

Addition geht eigentlich gut: XII+VI=? Um diese Aufgabe zu lösen, muss man nur die Zeichen zusammenstellen und der Größe nach ordnen: XII+VI=XIIVI=XVIII. Das funktioniert deswegen so gut, weil die römischen Zahlen V, X, C, M im Grunde nur Abkürzungen für 5, 10, 100, 1000 Einerstriche sind. Statt zehnmal I zu schreiben, schreibt man einmal X. Mit Einerstrichen zu addieren ist ganz einfach: Man stellt sie nur zusammen: IIII+IIIII=IIIIIIIII.

Auch das ging nur so lange gut, bis man auf die Idee kam, statt vier Strichen einfach IV zu schreiben. Das ist für jeden Steinmetz eine Erleichterung, aber für das Rechnen eine Katastrophe.

Wie haben die Römer wirklich gerechnet? Dazu benutzten sie ein wunderbares Gerät, den Abakus. Das war der erste Taschenrechner der Welt und eine – von den Römern vermutlich nicht bemerkte – Vorwegnahme des Dezimalsystems.

Ein Abakus besteht aus einer Reihe von Metallstäben, die durch eine Leiste in eine kleinere linke und eine größere rechte Hälfte unterteilt sind. Links befinden sich jeweils eine, rechts jeweils vier Holzperlen.

Der oberste Stab bestimmt die Einerstelle; der unmittelbar darunter die Zehnerstelle, dann kommt die Hunderterstelle usw. (Meist finden sich oberhalb der Einerstelle noch einige Stäbe, die Sonderzwecken dienen.) Die Perlen in der linken Hälfte sind 5 wert, die in der rechten jeweils 1. Die Perlen werden gezählt, wenn sie an die Trennleiste angelegt, also in die Mitte geschoben sind.

Um eine Zahl einzustellen, schiebt man zunächst die entsprechende Zahl von Einerperlen in die Mitte; wenn 4 nicht ausreichen, nimmt man die linke Perle als 5 hinzu. Zum Beispiel gibt die folgende Einstellung des Abakus die Zahl 83 734 wieder.

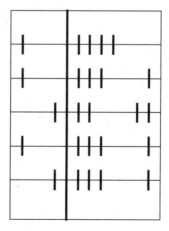

Die Addition von Zahlen ist prinzipiell einfach: Man stellt die erste Zahl ein und legt dann die zweite hinzu. Manchmal geht das ohne Probleme, aber manchmal kommt man mit den Perlen eines Stabes nicht aus: Es entsteht ein Übertrag. Sobald alle Perlen eines Stabes aktiviert sind und noch eine hinzukommen müsste, schiebt man eine der rechten Perlen des Stabs darunter in die Mitte und schiebt alle Perlen des oberen Stabes wieder zurück.

Wenn man zum Beispiel 7+3 rechnen möchte, stellt man zunächst auf dem Einerstab die Zahl 7 ein (5+1+1), aktiviert dann noch zwei Einerperlen; bei der dritten muss man dann eine Zehnerperle des Stabes darunter in die Mitte schieben und die Perlen des ersten Stabs zurückschieben.

Der Abakus, den wir heute kennen, hat in den linken Abteilungen jeweils 5 und in den rechten jeweils 2 Perlen. Dies ermöglicht eine größere Sicherheit beim Rechnen, denn man kann zunächst auf dem Einerstab die Zahl 10 einstellen und dann, in einem separaten Schritt, den Übertrag bilden.

Der Abakus war eine sehr erfolgreiche Erfindung. Er war schon 1000 v. Chr. bekannt und wurde bis weit ins 20. Jahrhundert benutzt. In China, Japan und Russland war der Abakus unter den Namen Suanpan, Soroban und Stschjoty bekannt.

Im europäischen Mittelalter wurden Prinzipien des Abakus für das «Rechnen auf den Linien» angewandt. Gerechnet wurde, indem man «Rechenpfennige» auf einem «Rechentisch» oder einem «Rechentuch» platzierte und verschob.

15
Seit wann gibt es die Null?

Lange hat es gebraucht, bis die Null erfunden wurde. Die Babylonier hatten schon vor viertausend Jahren ein nahezu perfektes Stellenwertsystem zur Basis 60. Damit konnten sie beliebig große Zahlen darstellen, und eigentlich hätten sie auch die Null gebraucht. Wenn eine Stelle nicht mitzählte, also den Wert null hatte, dann ließen die Babylonier dort einfach eine Lücke. Das hatte dramatische Konsequenzen: Würden wir dies in unserem Dezimalsystem genauso halten, so wüssten wir nicht, ob 2 5 eigentlich 25 bedeutet und die Ziffern zufällig ein bisschen Abstand zueinander haben oder 205 und die Lücke vielleicht ein wenig schmal geraten ist – oder vielleicht auch 250 und wir die Lücke am Ende übersehen.

Auch die Römer hatten fast die Null; denn sie rechneten mit dem Abakus. Beim Abakus zählen die Perlen auf den Stangen nur, wenn sie zur Mitte geschoben werden. Sind alle Perlen außen, stellt der Abakus die Zahl Null dar. Aber die Römer hatten keine Chance, das zu notieren.

Wer zum ersten Mal die Null in unserem Sinne benutzt hat und wann das war, verliert sich im Dunkel der Geschichte. Sicher ist, dass die Null, die wir heute verwenden, in Indien erfunden wurde. Die erste zweifelsfrei dokumentierte indische Null findet sich in einem Vishnu-Tempel in Gwalior, etwa 400 Kilometer südlich von Delhi: Auf einer Steintafel aus dem Jahr 876 wird die Null gleich zweimal zur Darstellung der Zahlen 270 und 50 verwendet. Von dort aus trat die Null ihren Siegeszug an: Sie wurde zunächst von den Arabern übernommen und dann im Zuge der Ausbreitung des Islam nach Europa gebracht.

Spätestens im Jahr 1202 war die Null in Westeuropa angekommen. In diesem Jahr erschien das Buch *Liber abaci* des

Rechenmeisters Leonardo von Pisa, genannt Fibonacci, das programmatisch mit folgendem Satz anhebt: «Die neun indischen Figuren sind 9 8 7 6 5 4 3 2 1. Mit diesen neun Figuren und dem Zeichen 0, welches die Araber Zephirum nennen, lässt sich jede Zahl schreiben.»

Übrigens haben die Maya in Mittelamerika auch ein Stellenwertsystem benutzt, und zwar zur Basis 20, wahrscheinlich weil sie zum Rechnen nicht nur die Hände, sondern auch ihre Füße benutzten. Die Maya hatten auch die Null erfunden, und das Jahrhunderte vor den Indern! Allerdings hatte die hoch entwickelte Mathematik der Maya wegen des Niedergangs der Mayakultur im 10. Jahrhundert keine Auswirkungen auf andere Kulturen.

Zweifellos ist die Null eine der genialsten Erfindungen der Menschheit. Eine, die das Rechnen einfach und weniger fehleranfällig macht. Eine, die uns heute vollkommen selbstverständlich scheint. Und eine, die sich nur gegen Widerstände durchgesetzt hat.

16
Ist Null eine gerade Zahl?

Ja. Das kann man sich folgendermaßen klarmachen: Eine gerade Zahl von Objekten kann man auf zwei Kinder gerecht aufteilen, das heißt so, dass jedes gleich viele bekommt.

Die Zahl 10 ist gerade, weil man 10 Bonbons auf zwei Kinder gerecht aufteilen kann. 11 ist ungerade, weil man 11 unteilbare Bonbons nur so verteilen kann, dass eines übrig bleibt.

Null Bonbons auf zwei Kinder aufteilen? Das ist zwar nicht gerade großzügig, aber es geht auf: Kein Bonbon bleibt übrig.

Also ist Null eine gerade Zahl.

17
Warum darf man nicht durch null teilen?

Ihre erste Bedeutung hat die Null bezüglich der Addition. Da ist sie harmlos. Es ist dort geradezu ihre Aufgabe, harmlos zu sein. Wenn man null zu irgendeiner Zahl addiert oder sie von einer Zahl subtrahiert, ändert sich die Zahl nicht. Die Null hat also bezüglich Addition und Subtraktion nicht die geringste Wirkung. Man nennt so etwas ein neutrales Element.

Wenn man mit der Zahl Null multipliziert oder durch sie dividiert, ist ihre Wirkung dramatisch. Durch Multiplikation mit null werden Zahlen einschneidend verändert; sie werden alle null und nichtig: null mal irgendetwas ist null.

Das ist zwar dramatisch, aber wir wissen, was passiert. Bei der Division durch null lautet die entscheidende Frage: Was soll denn dabei herauskommen? Noch genauer gefragt: Was könnte denn dabei herauskommen?

Schauen wir uns zunächst eine einfache Divisionsaufgabe an. Was ist 24 geteilt durch 6? Das Ergebnis ist 4. Das können wir überprüfen, indem wir die Probe machen: 4 mal 6 ist 24. Das Ergebnis mal die Zahl, durch die man dividiert, muss die Ausgangszahl ergeben.

Nach diesem Modell können wir auch überlegen, was sich bei der Aufgabe «1 geteilt durch 0» ergibt. Könnte das Ergebnis 1000 sein? Nein, denn es müsste 1000 mal 0 gleich 1 sein. Aber 1000 mal 0 ist 0. Könnte das Ergebnis 1 sein? Nein, denn 1 mal 0 bleibt 0. Könnte das Ergebnis 0 sein? Auch das geht nicht, denn auch 0 mal 0 ist 0. Wir halten fest: Das Ergebnis einer Division durch 0 kann keine Zahl sein.

Nun sagen manche, 1 geteilt durch 0 sei unendlich. Manche schreiben das auch symbolisch auf: $1:0=\infty$. Nun, zunächst ist das nur eine Anerkennung der Tatsache, dass es keinen Sinn hat, innerhalb der üblichen Zahlen durch null zu dividieren. Aber nehmen wir die Aussage 1:0=∞ einen Augenblick lang ernst. Wenn das so ist, so würde die Probegleichung lauten ∞ mal 0 gleich 1. Gut, auch das ist noch kein Widerspruch.

Was passiert aber, wenn wir die Aufgabe «2 geteilt durch 0» lösen wollen? Da das Ergebnis auch keine Zahl sein kann, müssten wir wieder sagen: 2:0=∞, also auch ∞ mal 0 gleich 2. Das nun aber ist fatal: Wir wollen, dass jede Aufgabe eine eindeutige Lösung hat. Also: Man kann, wenn man möchte, das Symbol ∞ einführen, aber vernünftig rechnen kann man damit nicht – und deshalb lässt man es am besten bleiben. Kurz: Durch null darf man nicht teilen!

Übrigens: Der Politiker Manfred Rommel sagt völlig richtig: Die Null «wird von Politikern unterschätzt. Sie ist sehr gefährlich, gleich, ob sie vor oder hinter dem Komma steht. Wird mit ihr multipliziert, verschwindet die größte Zahl. Wird durch sie dividiert, kommt man in die Metaphysik. Sie ist nur harmlos, solange sie hinzugezählt oder abgezogen wird und sonst nichts mit ihr gemacht wird.»

18
Warum müssen wir das kleine Einmaleins lernen?

Die Frage sollte besser lauten: Warum müssen wir *nur* das kleine Einmaleins lernen? Und die Antwort auf die Frage erkennen wir, wenn wir uns klarmachen, wie das Multiplizieren großer Zahlen funktioniert.

Wir alle haben in der Schule gelernt, schriftlich zu multiplizieren. Stellen wir uns vor, wir sollten 321 mal 7 ausrechnen. Hören Sie genau hin: Wir können das *ausrechnen!* Wir müssen diese Aufgabe – 321 mal 7 – also nicht auswendig können!

Sie wissen, wie das geht. Wir arbeiten die Zahl 321 von hinten nach vorne ab. Wir rechnen zuerst 1 mal 7. Das ist 7, und wir schreiben diese Zahl auf. Dann rechnen wir 2 mal 7. Das ist 14; wir schreiben 4 vor die 7 und «behalten 1». Schließlich rechnen wir 3 mal 7 das ist 21; dazu kommt noch die 1, die wir behalten haben, das gibt 22. Diese Zahl schreiben wir vor die beiden anderen und erhalten das Endergebnis 2247.

Egal, ob Sie das jetzt nachvollziehen konnten oder nicht, eines ist klar: Das gesamte Problem «321 mal 7» wird in kleine Teilprobleme zerlegt, nämlich «1 mal 7», «2 mal 7» und «3 mal 7». Und bei jedem Teilproblem müssen wir nur das kleine Einmaleins benutzen.

Anders gesagt: Wir können die Multiplikation beliebig großer Zahlen auf die Multiplikation einzelner Ziffern zurückführen. Mit noch anderen Worten: Allein mit dem kleinen Einmaleins kann man alle Malaufgaben lösen.

Und zwar kann man sie einfach lösen. Um zwei dreistellige Zahlen miteinander zu multiplizieren, muss man dann das kleine Einmaleins maximal neunmal benutzen. Und für vierstellig mal vierstellig maximal sechzehnmal. Ist das nicht toll?

In unserem Dezimalsystem reicht das kleine Einmaleins von «1 mal 1» bis «9 mal 9». Im Zweiersystem, mit dem die Computer rechnen, gibt es nur die Ziffern 0 und 1. In diesem System reduziert sich das kleine Einmaleins auf die einzige Aufgabe «1 mal 1 gleich 1». Das heißt, die Computer haben's wirklich einfach!

19
Wie viel ist eine Million Billionen?

Große Zahlen haben etwas Verführerisches. Je größer sie werden, desto verführerischer sind sie. Die Billion geht uns genauso leicht von den Lippen wie eine Million, und den Unterschied zwischen Billiarde und Trilliarde nehmen wir kaum wahr.

Das hat seinen guten Grund. Denn unser Dezimalsystem hat den enormen Vorteil, dass wir beliebig große Zahlen mit minimalem Aufwand schreiben können. Genauer gesagt, kommen wir mit den Ziffern 0, 1, 2, 3, 4, 5, 6, 7, 8 und 9 aus und können damit jede Zahl schreiben. Die Höhe des Konjunkturprogramms, das Bruttosozialprodukt von Deutschland, die Anzahl der Atome des Universums oder die größte bekannte Primzahl: Für alles reichen unsere zehn Ziffern.

Das ist nicht selbstverständlich. Denken Sie an die Römer. Die Römer verwendeten auch Zahlen, aber kein Dezimalsystem oder Ähnliches. Das größte Zahlzeichen war M, was 1000 bedeutet. Es gab zwar auch Zeichen für größere Zahlen, wie etwa ein eingerahmtes M, das 100 000 bedeutet, aber das waren eher künstliche Erweiterungen. Wenn die Römer die Zahl 1 Million hätten schreiben wollen, hätten sie 1000 M schreiben müssen. Und bei einer Milliarde hätten es schon eine Million M oder 10 000 eingerahmte M sein müssen. Mit anderen Worten: Keine römische Bank hätte eine Milliarde auszahlen oder überweisen können – allein, weil die Zahl nicht hätte geschrieben werden können. Das bedeutet: Die Finanzkrise wäre bei den Römern schon aus mathematischen Gründen nicht möglich gewesen!

Wie einfach ist es dagegen bei uns, zu immer größeren Zahlen aufzusteigen: Tausend, Million, Milliarde, Billion, Billiarde usw.: Jeweils kommen einfach drei Nullen hinzu, so dass zum Beispiel eine Billion eine 1 mit 12 Nullen ist. Wir können solche Zahlen ohne Schwierigkeiten schreiben, und es ist prinzipiell nicht schwieriger, 100 Milliarden Euro als nur 100 Euro zu überweisen. Wie wir inzwischen wissen: eine außerordentlich gefährliche Möglichkeit!

Übrigens: Eine Million Billionen ist eine Trillion, eine Zahl mit 18 Nullen. Jeweils sechs Nullen mehr haben Quadrillion, Quintillion, Sextillion, Septillion, Oktillion, Nonillion.

20
Was ist ein Googol?

Ein Googol ist eine Zahl, und zwar die Zahl 10 hoch 100, ausgeschrieben also eine 1 mit 100 Nullen. Sie ist größer als die Anzahl der Atome im Universum, die «nur» 10 hoch 78 beträgt.

Das Wort «Googol» wurde 1938 durch den amerikanischen Mathematiker Edward Kasner eingeführt; er hatte, so erzählt er, seinen damals neunjährigen Neffen Milton Sirotta gebeten, ein Wort für eine riesige Zahl zu erfinden. Der kleine Milton antwortete «googol».

Kasner setzte noch eins drauf und definierte «Googolplex» als die Zahl 10 hoch Googol – eine wahrhaft unvorstellbar große Zahl. Sie besteht aus einer 1, gefolgt von Googol vielen Nullen. Man kann Googolplex nicht in Dezimalschreibweise notieren, denn selbst wenn man jedes Atom des Universums als Speicherplatz für eine Ziffer verwenden würde, würde es nicht reichen.

Die Anklang an die Suchmaschine «Google» ist übrigens nicht zufällig. Der Name «Google» wurde mit Absicht gewählt, weil man schon mit dem Namen das Bestreben ausdrücken wollte, eine riesige Zahl von Internetseiten zu erfassen. Konsequenterweise heißt der Firmenhauptsitz von Google «Googleplex».

21
Was ist das Binärsystem?

Tag und Nacht, Alt und Jung, Liebe und Tod – unsere Welt wird von solchen polaren Gegensätzen bestimmt. Die Mathematik drückt das nüchtern mit Plus und Minus oder, noch einfacher, mit 0 und 1 aus.

Dass man damit nicht nur Gegensätze bezeichnen kann, sondern mit 0 und 1 alleine alle Zahlen darstellen kann, hat als Erster der große Gottfried Wilhelm Leibniz im Jahr 1703 veröffentlicht.

Seine Idee war, ein Stellenwertsystem mit 0 und 1 zu entwickeln. Man nennt dies das Dualsystem oder Binärsystem. Beides bedeutet das Gleiche: Der Wert einer 1 hängt entscheidend von der Stelle ab, an der die 1 steht. Das ist so wie beim Dezimalsystem: Dort bedeutet eine 1 an der letzten Stelle nur 1, an der vorletzten schon 10, an der vorvorletzten 100 und so weiter.

Beim Binärsystem hat eine 1 an der vorletzten Stelle den Wert 2; die Zahl 2 wird also geschrieben 10. Und die binäre Zahl 11 bedeutet 3; weil die 1 an der letzten Stelle den Wert 1 und die 1 an der vorletzten Stelle den Wert 2 hat, und das ergibt zusammen 3.

Klar? Wir gehen noch einen Schritt weiter. Eine 1 an der vorvorletzten Stelle hat im Binärsystem den Wert 4 (4 ist 2 mal 2). Das heißt, die Zahl vier wird 100 geschrieben, die Zahl fünf 101, die Zahl sechs 110 und die Zahl sieben schließlich 111. Klar, denn 111 heißt: eine Eins, eine Zwei und eine Vier, zusammen also sieben.

Mit dieser Zahlendarstellung rechnen heutzutage die Computer.

Für Leibniz war das Binärsystem eine göttliche Offenbarung, «weil die leere Tiefe und Finsternis zu Null und Nichts, aber der Geist Gottes mit seinem Lichte zum Allmächtigen zu Eins gehört». Gott hat die Welt in sieben Tagen geschaffen, in der binären Schreibweise als 111 dargestellt: drei göttliche Einsen ohne eine teuflische Null!

Etwas nüchterner und mathematisch wichtiger erkannte Leibniz: «Das Addieren von Zahlen ist bei dieser Methode so leicht, dass diese nicht schneller diktiert als addiert werden können.»

22
Gibt es unendlich viele Zahlen?

Wenn es in der Mathematik etwas gibt, an das ich ganz fest glaube, das ich aber nie werde beweisen können, dann sind es die drei Pünktchen. Sie sind unglaublich verführerisch. Es ist die Verführungskraft des «Und so weiter»: Eins zwei drei – und so weiter. Zwei vier sechs – und so weiter. Zugegeben, manchmal offenbart sich das Muster, nach dem es weitergeht, erst nach langem Schauen und Überlegen, manchmal kennen wir es auch heute noch nicht. Aber an die Tatsache, dass es immer so weitergeht, glauben wir, ohne mit der Wimper zu zucken.

Ein bisschen vorsichtig sein könnte man allerdings schon. Denn bereits bei der normalen Zahlenreihe 1, 2, 3, ... sagt uns nichts und niemand, dass diese immer weitergeht. Im Gegenteil: Alle unseren realen Erfahrungen sagen: Irgendwann ist Schluss. Zwar glaubte ich, dass ich von den Pfannkuchen, die meine Mutter gebacken hat, unendlich viele essen könnte, aber irgendwann war ich doch pumpelvoll. Zwar folgte in meinem Leben bislang immer ein Tag auf den vorigen, aber es ist völlig klar: Irgendwann hat dies ein Ende.

Merkwürdigerweise verleitet uns die zwangsläufig endliche Realität auch dazu, uns das Unendliche vorzustellen, es zu ersehnen oder – wie man kritisch sagen könnte – es uns einzubilden. Wenn wir am Strand stehen und in die Wellen schauen, wenn wir nachts in den Himmel blicken oder wenn wir die Musik von *Also sprach Zarathustra* alias *Odyssee im Weltraum* hören – dann stellt sich bei uns fast unabweisbar eine gefühlte Unendlichkeit ein.

Eine gefühlte Unendlichkeit ist für die Mathematik allerdings unbrauchbar. Deshalb war es ein entscheidender Schritt der Erkenntnis, als der italienische Mathematiker Giuseppe Peano im Jahr 1889 ein Axiomensystem für die natürlichen Zahlen angegeben hat – übrigens aufbauend auf Vorarbeiten der deutschen Mathematiker Moritz Pasch (1843–1930) und Richard Dedekind (1831–1916). Sie haben richtig gehört: ein Axiomensystem. Axiome sind Aussagen, die man nicht beweisen kann. Entscheidend dabei ist das sogenannte Induktionsaxiom («Peano-Axiom»), das letztlich nur das «immer weiter zählen können» oder eben die drei Pünktchen formalisiert. Das ist ein Axiom. Man kann es nicht beweisen. Aber darauf aufbauen. Und die Mathematik wäre nichts ohne dieses Axiom.

23
Warum ist 2+2=4?

Ist doch klar! Wenn etwas klar ist, dann, dass zwei plus zwei vier ist! Das ist doch noch banaler als das sprichwörtliche «zwei mal zwei ist vier»!

Moment! Klar ist gar nichts. In der Mathematik kann man – wie in vielen anderen Wissenschaften auch – selbst bei scheinbar völlig klaren Aussagen fragen: Warum ist das so? Und man kann auch eine Antwort erhalten, denn man kann beweisen, dass 2 plus 2 gleich 4 ist. Wir werden sehen, es geht – aber es ist ganz schön knifflig.

Um «2+2=4» zu beweisen, müssen wir die Peano'schen Axiome ein klein bisschen genauer anschauen. Eines der Axiome postuliert, dass es eine «erste» natürliche Zahl gibt, die wir mit 1 bezeichnen. Ein anderes sagt, dass jede natürliche Zahl n einen «Nachfolger» hat, den wir mit n' bezeichnen.

Damit können wir schon gut arbeiten. Um «2+2=4» zu beweisen, müssen wir sagen, was 2 und was 4 sein sollen und was «+» bedeutet. Dann wissen wir genau, was die linke Hälfte und die rechte Hälfte der Gleichung bedeuten, und wir können entscheiden, ob diese gleich sind oder nicht.

Ans Werk: Jede natürliche Zahl hat einen Nachfolger, also auch die Zahl 1. Den Nachfolger 1' von 1 nennen wir 2. Den Nachfolger von 2 nennen wir 3; in Formeln: 2' =: 3. (Der Doppelpunkt bringt zum Ausdruck, dass das, was in der Gleichung auf der Seite des Doppelpunktes steht, definiert wird, in unserem Fall das Symbol «3».) Schließlich definieren wir 4 := 3' als den Nachfolger von 3. Zusammengefasst gilt also 4 := 3'=(2')'=((1')')'.

Nun zur Addition. Wir definieren zunächst für jede natürliche Zahl n die Summe n+1 als n'; in einer Gleichung: n+1=n'. Die Summe n+2 ist auch nicht viel schwieriger; wir denken uns n+2 als n+1+1 geschrieben und sehen dann n+2 := (n')'.

Jetzt können wir auch die linke Seite unserer Gleichung ausdrücken:

$$2+2=1'+2=((1')')'.$$

Oben haben wir gesehen, dass das genau der Ausdruck für 4 ist. Also gilt tatsächlich 2+2=4.

24
Wie viele Primzahlen gibt es?

Eine Primzahl ist eine natürliche Zahl größer als 1, die nur durch 1 und sich selbst teilbar ist. Die ersten Primzahlen sind 2, 3, 5, 7, 11, 13, 17, 19. Ein Phänomen, das sofort ins Auge sticht, ist die Unregelmäßigkeit der Folge der Primzahlen. Es gibt kein Gesetz, nach dem man sich die nächste berechnen lässt, sondern man muss die Zahlen einzeln testen. Daher ist es eine echte Frage, ob die Folge der Primzahlen immer weitergeht oder ob sie irgendwann abbricht. Bereits Euklid konnte die erstaunliche Tatsache beweisen, dass es unendlich viele Primzahlen gibt.

Euklid selbst drückte das anders aus. Er behauptete: «Es gibt mehr Primzahlen als jede vorgelegte Anzahl von Primzahlen.» Der Unterschied der Formulierungen scheint gering zu sein, aber er ist entscheidend. Zum einen hat Euklid das Wort «unendlich» vermieden und damit die Aussage der Mathematik seiner Zeit zugänglich gemacht. Und zum Zweiten drückt die Aussage genau das aus, was bewiesen wird.

Euklid stellt sich nämlich tatsächlich eine endliche Zahl von Primzahlen vor und konstruiert dann eine neue Primzahl.

Etwas genauer funktioniert dieser Beweis so: Wir stellen uns eine endliche Zahl von, sagen wir, s Primzahlen vor: p_1, p_2, ..., p_s. Euklids Trick besteht darin, aus diesen Zahlen eine neue Zahl zu bilden, indem er alle s Primzahlen multipliziert und dann noch 1 addiert. Diese «magische» Zahl ist also $m = p_1 \times p_2 \times ... \times p_s + 1$. Das ist in der Regel eine riesige Zahl. Bestimmt ist sie aber größer als 1. Und wie bei jeder solchen Zahl gibt es eine Primzahl, welche diese Zahl teilt. Diese Primzahl nennen wir p^*. Dabei ist es möglich, dass die Zahl m gleich p^* ist, dass also m selbst eine Primzahl ist.

Die Zahl p* ist nun der Kandidat für die neue Primzahl. Das ist einfach nachzuweisen. Angenommen, p* wäre gleich p_1. Dann würde p* das Produkt $p_1 \, p_2 \ldots p_s$ teilen, könnte aber die magische Zahl m nicht teilen, denn diese unterscheidet sich ja vom Produkt der s Primzahlen um genau 1.

Also: Keine endliche Menge kann alle Primzahlen enthalten, also gibt es Primzahlen ohne Ende, und man könnte denken, das sei das Ende der Geschichte. Aber die Geschichte geht weiter: Wenn man sich die Primzahlen der Reihe nach anschaut, dann merkt man, dass ihre «Dichte», das heißt die Häufigkeit ihres Auftretens, abnimmt, aber nur ganz langsam! Es gibt zum Beispiel viel mehr Primzahlen als Quadratzahlen! Schauen wir uns einmal Intervalle von je 100 Zahlen an: Zwischen 1 und 100 liegen 25 Primzahlen, zwischen 1000 und 1100 liegen 16 Primzahlen, in dem Intervall zwischen 10 000 und 10 100 noch 11 und zwischen 100 000 und 100 100 immerhin noch 6 Primzahlen.

Kann man dieses Phänomen auch quantitativ erfassen? Dazu hat der große Carl Friedrich Gauß (1777–1855) empirische Untersuchungen gemacht und darauf aufbauend eine Vermutung formuliert, die heute als der Primzahlsatz bekannt ist. Er hat eine Tabelle der Primzahlen bis 3 Millionen aufgestellt und dabei beobachtet, dass die Anzahl der Primzahlen bis zu einer gewissen Zahl n von der Größenordnung von n abhängt; die Größenordnung einer Zahl kann man durch die Anzahl ihrer Stellen angeben (Mathematiker sprechen präziser vom Logarithmus der Zahl). Die Vermutung von Gauß war also folgende: Wenn die Zahl n genau k Stellen hat, dann sind grob $1/k$ aller Zahlen kleiner gleich n Primzahlen.

Der Primzahlsatz sagt, dass es wahnsinnig viele Primzahlen gibt. Wir könnten uns fragen, wie viele höchstens 100 Stellen haben. Das heißt, wir suchen die Primzahlen bis

10^{100}. Der Primzahlsatz sagt, das sind immer noch etwa $1/100$, also etwa 1%. Das heißt, die Wahrscheinlichkeit, dass eine zufällig gewählte 100-stellige Zahl eine Primzahl ist, ist etwa 1%. Aber 1% von 10^{100} sind immer noch 10^{98}: So viele Primzahlen gibt es bis 10^{100}. (Ein genauerer Wert ist $4{,}3 \times 10^{97}$.)

Der Primzahlsatz wurde übrigens nicht von Gauß, sondern 1896 unabhängig von Hadamard und de la Vallée Poussin bewiesen.

25
Gibt es eine Formel für Primzahlen?

Das wäre schön! Das wäre traumhaft!

Der schönste Traum wäre eine Formel, in die man der Reihe nach die Zahlen 1, 2, 3, 4, ... einsetzt und der Reihe nach die Primzahlen herausbekommt: als ersten Wert 2, dann 3, dann 5, dann 7 und so weiter. Das ist ein Traum, und vielleicht wird das auch auf immer ein Traum bleiben.

Der große Mathematiker Leonhard Euler (1707–1783) hat Polynome gesucht, die jedenfalls für die ersten eingesetzten Werte Primzahlen liefern. Nicht die ersten Primzahlen, aber immerhin Primzahlen sollen herauskommen. Das berühmteste und «größte» dieser Polynome ist x^2+x+41. Wenn man die Zahlen 0, 1, 2, 3, ..., 39 einsetzt, bekommt man immer eine Primzahl, nämlich die Zahlen 41, 43, 47, 53, ..., 1601. Natürlich liefert die Formel für $x=41$ keine Primzahl, aber auch schon für $x=40$ ergibt sich keine Primzahl, denn in diesem Fall kommt genau 41^2 raus.

Im Jahr 1971 hat der russische Mathematiker Yuri Matijasevic, aufbauend auf Arbeiten von Martin Davis und Julia Robinson, ein verblüffendes Resultat erzielt: Er hat bewiesen, dass es ein Polynom gibt, das beim Einsetzen die Primzahlen liefert. Aber Achtung, so einfach ist die Sache nicht!

Denn erstens handelt es sich um ein Polynom mit vielen Variablen, also x, y, z und so weiter. In der Originalarbeit waren es 23 Variablen. Immerhin: Die Koeffizienten sind ganze Zahlen, also weder Brüche noch Wurzeln oder noch Schlimmeres.

Zweitens sagt sein Satz genau betrachtet nur Folgendes: Setzt man für jede der 23 Variablen eine ganze Zahl ein, dann erhält man ein Ergebnis. Wenn dieses Ergebnis eine positive Zahl ist, dann muss es eine Primzahl sein. Aber nur wenn das Ergebnis positiv ist!

Schließlich ist die Realität noch grausamer: Bis jetzt hat man noch keine Belegung der 23 Variablen gefunden, die überhaupt ein positives Ergebnis bringt!

Die Antwort ist also: Ja, es gibt solche Formeln. Die bislang gefundenen scheinen aber vollständig wertlos zu sein.

26
Was ist ½+⅓?

Bevor man Brüche addieren kann, muss man wissen, was Brüche sind.

Brüche wie ½ oder ⅓ sind Teile eines Ganzen. Um ⅓ eines Objekts zu erhalten, teilen wir das Objekt in drei gleiche Teile und nehmen eines davon. Das ist ⅓. Um ³⁄₇ zu erhalten, teilen wir das Objekt in 7 gleiche Teile und nehmen 3 von diesen. Die Objekte können ein Kuchen, eine Pizza, aber auch eine bestimmte Strecke oder Ähnliches sein.

Bevor man eine Regel für das Addieren hat, muss man wissen, was Addieren bedeutet.

Addieren heißt zusammenfügen, aneinanderlegen. Wenn wir wissen wollen, was 2+3 ist, nehmen wir 2 Objekte einer Sorte und 3 der gleichen Sorte und legen diese zusammen.

Genauso ist es bei den Brüchen. Um $½+⅓$ zu bekommen, nehmen wir $½$ eines Objekts, zum Beispiel einen halben Kuchen, und $⅓$ des gleichen Objekts, also ein Drittel Kuchen, und legen diese zusammen. Das, was sich dabei ergibt, ist das Ergebnis der Rechnung $½+⅓$.

So weit ist alles ganz einfach. Die Schwierigkeit beginnt, wenn wir das, was wir erhalten haben, wieder als Bruch ausdrücken wollen.

Um darauf zu kommen, gehen wir einen Schritt zurück. $2/7+3/7$ ist einfach. Das ist so wie 3 Äpfel plus 2 Äpfel, nur dass man statt Äpfel jetzt «Siebtel» sagt. Also gilt $2/7+3/7=5/7$. Die Mathematiker sagen dazu: Man kann «gleichnamige» Brüche einfach addieren: Man braucht nur ihre Zähler zu addieren.

Und bei ungleichnamigen? Ganz einfach: Diese muss man zuerst gleichnamig machen. Hier nutzen wir eine wunderbare Eigenschaft der Bruchzahlen aus, dass nämlich jede Bruchzahl auf verschiedene Weisen als Bruch geschrieben werden kann. $½$ ist gleich $2/4$, denn zwei Viertel sind natürlich genauso viel wie ein Halb. Es gilt $½=2/4=3/6=4/8=…$ Entsprechend ist $⅓=2/6=3/9=…$

Jetzt sehen wir: Anstatt $½$ und $⅓$ zu addieren, können wir genauso gut $3/6$ und $2/6$ addieren. Dies schreiben wir auf: $½+⅓=3/6+2/6=5/6$.

So einfach ist das! Natürlich gibt es auch Regeln, die man auswendig lernen kann, zum Beispiel $1/a+1/b=(a+b)/ab$. Aber all diese Regeln sind nichts anderes als das schockgefrostete Resultat der obigen Überlegungen.

27
Wie viele Bruchzahlen gibt es?

Georg Cantor (1845–1918) war ein Revolutionär der Mathematik. Er hat Methoden entwickelt, mit denen man unendliche Mengen vergleichen kann. Er hat uns einen Weg gewiesen, wie wir objektive Aussagen über Unendlichkeiten machen können.

Einer seiner Basisbegriffe ist die Abzählbarkeit. Er nennt eine unendliche Menge «abzählbar», wenn man ihre Elemente der Reihe nach anordnen kann: Nummer 1, Nummer 2, Nummer 3 usw., und wenn in dieser Reihe jedes Element vorkommt. Zum Beispiel ist die Menge der positiven geraden Zahlen abzählbar, denn man kann sie in einer Reihe anordnen: 2, 4, 6, 8, 10, 12, …

Eine erste echte Frage, die sich Cantor gestellt hat, lautet: Sind die rationalen Zahlen, also die Brüche, abzählbar? Die eigentliche Provokation liegt darin, diese Frage zu stellen. Denn «offensichtlich» gibt es viel mehr Brüche als ganze Zahlen, denn zwischen je zwei ganzen Zahlen liegen schon unendlich viele. Daher müsste es «unendlich mal unendlich» viele rationale Zahlen geben. Das ist richtig, wir werden aber gleich sehen, dass man hinsichtlich der Unendlichkeit damit kein bisschen weiterkommt.

Aber nehmen wir die Frage, ob die rationalen Zahlen abzählbar sind, für einen Moment ernst. Wir fragen einfach nach der Abzählbarkeit der rationalen Zahlen zwischen 0 und 1. Dafür müssten wir diese Bruchzahlen anordnen. Es beginnt bei einer ersten, dann kommt die zweite, sodann die dritte und so weiter. Und in dieser Reihe müssten alle Brüche zwischen 0 und 1 vorkommen.

Fragt sich nur: Wo soll man denn da anfangen? Sicher nicht beim kleinsten Bruch, denn unter den Zahlen zwischen 0 und 1 gibt es keine kleinste. Ein Millionstel ist nicht die kleinste Zahl, denn ein Billionstel ist noch kleiner.

Auch hier ist Cantor unbekümmert radikal. Er ordnet die Brüche nicht nach ihrem Wert, sondern nach der Größe ihrer Nenner. Das liegt quer zu allen arithmetischen Eigenschaften – aber es funktioniert.

Unter den Brüchen zwischen 0 und 1 ist der kleinste Nenner 2, und dazu gehört der Bruch ½. Dieses ist der erste Bruch. Dann kommen die Brüche mit Nenner 3, also ⅓ und ⅔. Dann die Bruchzahlen mit Nenner 4; dabei gibt es nur ¼ und ¾; denn ²/₄ ist ½, und das hatten wir schon. Die Brüche mit Nenner 5 sind ⅕, ⅖, ⅗, ⅘. Und so geht es weiter.

Jeder Bruch zwischen 0 und 1 kommt in dieser Reihe vor. Also sind die Brüche zwischen 0 und 1 abzählbar. Mit einem nur leicht komplexeren Argument lässt sich zeigen, dass auch die Menge aller Bruchzahlen abzählbar ist. Es gibt also unendlich viele Bruchzahlen, aber nur «gerade so»; denn Abzählbarkeit stellt lediglich die erste Stufe der Unendlichkeit dar.

28
Gibt es irrationale Zahlen?

Die Pythagoreer waren um 500 v. Chr. davon überzeugt, dass «alles Zahl ist», und sie meinten damit, dass man alles in der Welt durch natürliche Zahlen und deren Verhältnisse, also etwa $7/13$ oder $1024/65537$, beschreiben kann. Heute würden die Pythagoreer das so ausdrücken: Alles ist rationale Zahl!

Bei Größen, die man empirisch, also durch Messen, bestimmt, ist das natürlich der Fall, denn messen können wir nur rationale Zahlen: zwei Komma fünf, drei Viertel, fünf Siebtel. Aber in der Mathematik, ist auch dort alles rationale Zahl?

Es muss ein Schock für die Pythagoreer gewesen sein, als

sie bemerkten, dass es auch ganz andere Zahlen gibt, Zahlen, die sich nicht als Quotient natürlicher Zahlen schreiben lassen. Der Schock war deswegen besonders groß, weil sie die nichtrationalen Zahlen ausgerechnet an ihrem Erkennungszeichen, dem Pentagramm, entdeckten.

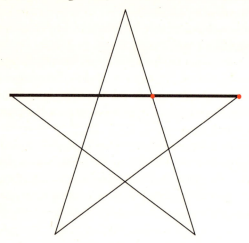

Wir stellen uns das Pentagramm, den fünfzackigen Stern, so vor, dass er symmetrisch vor uns steht und eine Spitze nach oben zeigt. Nun betrachten wir die Strecke zwischen der linken und der rechten Spitze des Pentagramms. Diese Linie wird durch eine weitere Diagonale in zwei Teile geteilt, einen größeren und einen kleineren. Das Verhältnis der Längen dieser beiden Teile ist keine rationale Zahl. Es sieht zwar grob wie 2:1 aus, etwas besser wäre 3:2, aber auch mit großen Zahlen wie etwa 144:89 lässt sich dieses Verhältnis nicht exakt beschreiben. Ungefähr schon, aber eben nicht ganz genau. Das hat Hippasos von Metapont, ein Schüler des Pythagoras, bewiesen.

Dieses Teilungsverhältnis kann uns heute nicht mehr erschüttern, im Gegenteil: Man nennt es den «Goldenen

Schnitt»; es ist eine ganz besondere Zahl, die in vielen Bereichen innerhalb und außerhalb der Mathematik eine Rolle spielt.

Für die Pythagoreer war die Irrationalität dieser Zahl ein Schock. Ein Schock, den man nicht wegdiskutieren konnte, weil Hippasos mit hieb- und stichfesten mathematischen Methoden bewiesen hatte, dass es sich um eine irrationale Zahl handelt.

Historisch umstritten ist, ob dieser Schock zu einem Zerwürfnis führte und Hippasos daraufhin «ins Meer gestürzt wurde» oder ob der Schock das Durchgangsstadium zu der Erkenntnis war, dass das Zahlensystem viel reicher ist als vorher gedacht.

Wir kennen heute viele irrationale Zahlen. Zum Beispiel ist fast jede Wurzel aus einer positiven ganzen Zahl irrational. Denn für solche Wurzeln gibt es nur zwei Möglichkeiten: Entweder ist die Wurzel selbst eine ganze Zahl, oder sie ist irrational. Zum Beispiel sind die Wurzel aus 9, die dritte Wurzel aus 8 und die zehnte Wurzel aus 1024 ganzzahlig, aber diese Fälle sind extrem selten. Sobald die Wurzel nicht ganzzahlig ist, ist sie eine irrationale Zahl. Dazwischen gibt es nichts. Wurzel aus 2, dritte Wurzel aus 5, siebzehnte Wurzel aus 523 und so weiter: alles irrationale Zahlen!

29
Wie viele irrationale Zahlen gibt es?

Der zweite Streich von Georg Cantor bei der Untersuchung unendlicher Mengen war es zu zeigen, dass es «viel mehr» irrationale Zahlen als rationale Zahlen gibt. Mit seinem «ersten Diagonalverfahren» hatte er gezeigt, dass die rationalen Zahlen abzählbar sind, also in einer Liste mit den Nummern 1, 2, 3, ... angeordnet werden können. Mit dem «zweiten Diagonalverfahren» zeigte er, dass die Menge aller Zahlen nicht abzählbar ist. Sie ist «überabzählbar», und daher gibt es davon «viel, viel mehr» als von den rationalen Zahlen.

Um das zu beweisen, müssen wir zunächst wissen, was «alle Zahlen» sind. Wir meinen damit die reellen Zahlen, das heißt diejenigen Zahlen, die man als Kommazahlen («Dezimalbrüche») schreiben kann. Es gibt abbrechende Dezimalbrüche, zum Beispiel 3,125, periodische Dezimalbrüche (etwa 3,333...) und unendliche nichtperiodische Dezimalbrüche, zum Beispiel π=3,14159... Die Menge der reellen Zahlen besteht aus den rationalen und den irrationalen Zahlen.

Wir interessieren uns nur für die reellen Zahlen zwischen 0 und 1, also diejenigen Dezimalbrüche, die mit «null Komma» beginnen. Wir werden zeigen, dass schon diese überabzählbar sind.

Der Beweis erfolgt durch Widerspruch. Wir nehmen an, irgendjemand würde behaupten, die reellen Zahlen zwischen 0 und 1 seien abzählbar. Zum «Beweis» seiner Behauptung müsste er uns eine Liste dieser Zahlen präsentieren: eine erste, eine zweite und so weiter. Und in dieser Liste, so würde er behaupten, kommt jede reelle Zahl zwischen 0 und 1 vor.

Wir werden ihm das Gegenteil beweisen, indem wir eine Zahl konstruieren, die nicht in dieser Liste auftaucht.

Zunächst schauen wir uns die erste Zahl seiner Liste an. Diese beginnt vielleicht mit 0,5... Dann definieren wir den Anfang unserer Zahl als 0,4. Die erste Nachkommastelle unserer Zahl darf alles sein, nur keine 5.

Die zweite Zahl in seiner Liste beginnt eventuell mit 0,31... Dann darf an der zweiten Nachkommastelle unserer Zahl alles stehen, nur keine 1. Zum Beispiel könnten wir festlegen, dass unsere Zahl mit 0,42... beginnt.

Und so weiter. Bei der tausendsten Nachkommastelle unserer Zahl müssen wir nur darauf achten, dass sie sich von der tausendsten Nachkommastelle der Zahl Nr. 1000 auf der Liste unterscheidet.

Dann ist die Zahl, die wir konstruieren, mit Sicherheit eine reelle Zahl zwischen 0 und 1, die in der Liste garantiert nicht vorkommt. Denn sie unterscheidet sich von der n-ten Zahl der Liste zumindest an der n-ten Nachkommastelle!

Also kann die Liste nicht vollständig sein. Und somit sind die reellen Zahlen zwischen 0 und 1 tatsächlich nicht abzählbar. Woraus folgt, dass auch die irrationalen Zahlen zwischen 0 und 1 nicht abzählbar sind. Es ist also nicht nur so, dass die Anzahl der irrationalen Zahlen unendlich ist, sondern es gibt viel mehr als natürliche oder rationale Zahlen.

Überabzählbarkeit ist eine neue Stufe von Unendlichkeit, die wir uns kaum vorstellen können. Wir kommen nicht dahin, indem wir zu den rationalen Zahlen ein paar Zahlen dazugeben: Wurzeln, π, e und so weiter. Auf diese Weise bleiben wir immer im Abzählbaren. Die überabzählbare Menge der reellen Zahlen entsteht nicht sukzessive, sondern «auf einen Schlag», indem wir zum Beispiel alle Dezimalbrüche betrachten.

30
Was ist Fermats letzter Satz?

Der berühmteste Satz der Mathematik ist der Satz des Pythagoras: In einem rechtwinkligen Dreieck mit den Seitenlängen a, b und c gilt $a^2+b^2=c^2$. Besonders schön wird es, wenn die Zahlen a, b und c ganzzahlig sind. Man spricht dann von pythagoreischen Tripeln. Zum Beispiel bilden die Zahlen 3, 4, 5 und 5, 12, 13 pythagoreische Tripel (denn es gilt $3^2+4^2=25=5^2$ und $5^2+12^2=25+144=169=13^2$). Man kann alle pythagoreischen Tripel bestimmen, dies wurde schon in der Antike geleistet und steht zum Beispiel in der *Arithmetica* von Diophant.

Im Jahr 1637 studierte der Jurist und passionierte Hobbymathematiker Pierre de Fermat (1607/08–1665) dieses Buch. Und genau an der Stelle, an der die Charakterisierung der pythagoreischen Tripel steht, schrieb er die berühmteste Randnotiz in der Geschichte der Mathematik:

«Es ist unmöglich, einen Kubus in zwei Kuben zu zerlegen oder ein Biquadrat in zwei Biquadrate oder allgemein irgendeine Potenz größer als die zweite in Potenzen gleichen Grades. Ich habe hierfür einen wahrhaft wunderbaren Beweis gefunden, doch ist der Rand hier zu schmal, um ihn zu fassen.»

Fermat fragte sich also, ob die Gleichung $c^3=a^3+b^3$ in ganzen Zahlen lösbar ist (Zerlegung eines Kubus in zwei Kuben) oder die Gleichung $c^4=a^4+b^4$ (Zerlegung eines «Biquadrats» in zwei Biquadrate) oder, allgemein, ob die Gleichung $c^n=a^n+b^n$ für irgendeine Zahl n>2 mit natürlichen Zahlen a, b, c>0 lösbar ist. Er behauptete, dass dies nicht der Fall sein könne, und glaubte, einen «wahrhaft wunderbaren Beweis» gefunden zu haben, der allerdings so lang war, dass er nicht auf dem Rand des Buchs notiert werden konnte.

Diese Randnotiz war jahrhundertelang ein Albtraum für die Mathematiker. Jeder, aber auch wirklich jeder Mathematiker hat irgendwann einmal – meist in seiner Jugend – versucht, den «wahrhaft wunderbaren Beweis» zu finden. Ohne jeden Erfolg.

Mit erheblichem Aufwand und zum Teil keineswegs «wunderbaren» Beweisen wurden einzelne Fälle gelöst: Für n=3 geht es nicht, für n=4 nicht und für n=5 auch nicht. Um 1950 wusste man: Für ein Gegenbeispiel musste n mindestens 2000 sein.

Die meisten Mathematiker hatten mit dieser Sache abgeschlossen. Bis am 23. Juni 1993 die Bombe platzte. Der britische Mathematiker Andrew Wiles hielt einen Vortrag an der Universität Cambridge, an dessen Ende er behauptete, die Fermat'sche Vermutung gezeigt zu haben.

Wiles war von der Fermat'schen Vermutung besessen. Im Gegensatz zu vielen anderen Mathematikern verfügte er aber über die richtigen Methoden. Und über den Willen, dieses Problem zu lösen. Er hatte sich – zu diesem Zeitpunkt bereits ein arrivierter Professor – zurückgezogen und arbeitete heimlich und mit allen Kräften am Fermat'schen Satz. Es dauerte sieben Jahre, bis er Erfolg hatte.

Im ersten Papier von Wiles wurde noch eine Lücke entdeckt, die dieser aber durch einen neuen Ansatz schließen konnte.

Der Beweis ist nicht einfach, im Gegenteil. Er ist außerordentlich komplex und benutzt die allerneuesten Methoden der Mathematik. Immerhin ist der Beweis von der Art, dass ihn die besten Mathematiker der Welt nachvollziehen können. Inzwischen wurde der Beweis von Wiles vielfach kontrolliert. Er ist richtig, und damit ist aus der Fermat'schen Vermutung endlich, nach über 350 Jahren, ein Satz geworden, der «letzte Satz von Fermat».

Der Beweis von Wiles ist sicher nicht der «wahrhaft wunderbare Beweis», der Fermat damals durch den Kopf schoss (obwohl der Beweis definitiv nicht auf dem Rand des Buches Platz gefunden hätte). Gibt es diesen «wahrhaft wunderbaren Beweis» tatsächlich? Die meisten Mathematiker bezweifeln dies und glauben, dass sich Fermat einfach getäuscht hat.

Aber der Traum bleibt.

31
Wozu braucht man komplexe Zahlen?

Quadratzahlen sind immer positiv. Egal, ob wir die Zahl 2 quadrieren oder 7,28 oder eine negative Zahl wie −276, immer ist das Ergebnis des Quadrierens positiv. Denn wie wir wissen, ist minus mal minus gleich plus.

Daher ist die Frage nach der Wurzel aus einer negativen Zahl, zum Beispiel der Wurzel aus −1, «offensichtlich» falsch gestellt. Keine reelle Zahl kann die Wurzel aus −1 sein, denn diese Zahl müsste quadriert −1 ergeben, was offenbar nicht möglich ist.

Im 16. Jahrhundert tauchte aber genau dieses Problem, nämlich Wurzeln aus negativen Zahlen zu ziehen, auf. Und zwar als Hintergrund scheinbar unschuldiger Aufgaben. Zum Beispiel behandelte der italienische Universalgelehrte Gerolamo Cardano (1501–1576), der Mathematiker, Arzt, Astrologe und vieles mehr war, die Aufgabe, zwei Zahlen zu finden, deren Produkt 40 und deren Summe 10 ist. Wenn wir die eine x nennen, ist also die andere 10−x, und das Produkt ist x(10−x). Also muss man die Gleichung x(10−x)=40 lösen. Umgeformt lautet diese Gleichung $x^2-10x+40=0$. Diese Gleichung hat aber keine Lösung. Keine reelle Lösung. Das heißt, es gibt kein reelles x, das diese Gleichung erfüllt.

Man kann aber einfach die sogenannte p,q-Formel anwenden. Mit dieser Formel kann man die Lösungen einer quadratischen Gleichung $x^2+px+q=0$ berechnen. In unserer obigen Gleichung ist p=−10 und q=40. Im Allgemeinen erhält man zwei Lösungen, nämlich

$$-\frac{p}{2}+\sqrt{\frac{p^2}{4}-q} \quad \text{und} \quad -\frac{p}{2}-\sqrt{\frac{p^2}{4}-q}.$$

Wenn man diese Formeln stur auf die Gleichung von Cardano anwendet, kommt man auf die «Lösungen» $5+\sqrt{-15}$ und $5-\sqrt{-15}$.

Was soll das bedeuten? Zunächst gar nichts. Cardano hantierte mit diesen «Ausdrücken», ohne sich groß Gedanken darüber zu machen, ob das wirkliche Zahlen sind. In der Tat ist es so: Wenn man $x=5+\sqrt{-15}$ in $x(10-x)$ einsetzt und dann formal rechnet, erhält man als Ergebnis tatsächlich 40.

Man nennt die Wurzeln aus negativen Zahlen «imaginäre» Zahlen. Also sind $\sqrt{-1}$ und $\sqrt{-15}$ imaginäre Zahlen. Zahlen wie $5+\sqrt{-15}$, die aus einem «Realteil» und einem «Imaginärteil» bestehen, heißen «komplexe» Zahlen.

Ein wichtiges Thema der Mathematik des 16. Jahrhunderts war die Lösung von kubischen Gleichungen, also von Gleichungen dritten Grades, wie zum Beispiel $x^3+6x-7=0$. Die Lösungsformeln heißen heute «Cardano'sche Formeln», obwohl Cardano sie nicht erfunden, sondern nur veröffentlicht hat. Das Erstaunliche ist, dass man bei der Lösung von Gleichungen dritten Grades keine «neuen Zahlen» einführen muss, sondern dass man mit den imaginären bzw. komplexen Zahlen auskommt. Allerdings: Während man bei den quadratischen Gleichungen sagen könnte, «diejenigen mit nichtreellen Lösungen lassen wir einfach links liegen», sind komplexe Zahlen bei der Lösung kubischer Gleichungen unvermeidlich.

Genauso ist es bei Gleichungen vierten Grades. Die Vermutung lag dann nahe, dass man alle Gleichungen, also Gleichungen beliebig hohen Grades, innerhalb der komplexen Zahlen lösen kann. Dieser «Fundamentalsatz der Algebra» wurde zum ersten Mal 1799 von Carl Friedrich Gauß bewiesen. Gauß war sich der Bedeutung dieses Ergebnisses wohl bewusst, denn er hat im Laufe seines Lebens drei grundsätzlich verschiedene Beweise dieses Satzes veröffentlicht.

Gauß sorgte aber auch dafür, dass die imaginären und komplexen Zahlen ein volles Existenzrecht erhielten. Er interpretierte dazu die komplexen Zahlen geometrisch: In der normalen Ebene liegen die reellen Zahlen auf der x-Achse. Die imaginären Zahlen werden mit den Punkten der y-Achse identifiziert. Die imaginäre Einheit i=$\sqrt{-1}$ steht an der Stelle 1 und ihre Vielfachen an den entsprechenden Stellen: Die Zahl 5i steht fünf Einheiten über der x-Achse, die Zahl −3i drei Einheiten darunter. Die komplexen Zahlen im Allgemeinen sind dann die Punkte der Ebene. 5+$\sqrt{-15}$ =5+$\sqrt{15}$ i ist der Punkt mit der x-Koordinate 5 und der y-Koordinate $\sqrt{15}$.

Diese Darstellung geht auf den Mathematiker Caspar Wessel (1745–1818) zurück, wurde aber durch Gauß allgemein bekannt gemacht und ist seit dieser Zeit akzeptiert.

Das weiß jeder Physiker und Ingenieur, denn viele Gleichungen, die in der Ingenieursmathematik oder in der theoretischen Physik auftreten, können nur durch intensiven Gebrauch von komplexen Zahlen gelöst werden.

Formen und Muster

33
Welches sind die unlösbaren Probleme der Antike?

Eine der folgenschweren Entscheidungen, die Euklid in seinem Buch *Die Elemente* traf, war, dass er als Hilfsmittel zum Konstruieren nur «Zirkel und Lineal» zugelassen hat. Konkret bedeutet das, dass man erstens durch zwei Punkte eine Gerade zeichnen darf («Lineal»), dass man zweitens zu einem Punkt und einem gegebenen Radius den Kreis zeichnen darf («Zirkel») und dass man drittens die Schnittpunkte von konstruierten Geraden und Kreisen zur Konstruktion weiterer Geraden und Kreise verwenden darf. Sonst nichts. Keine anderen Hilfsmittel sind erlaubt, insbesondere kein «Messen» von Längen oder Größen von Winkeln.

Mit diesen scheinbar schwachen Hilfsmitteln lässt sich viel erreichen: Man kann gleichseitige Dreiecke, Quadrate, Parallelogramme und Rauten konstruieren. Man kann eine Strecke in drei gleich große Teile teilen, einen Winkel halbieren, eine Tangente an einen Kreis konstruieren und so weiter. Selbst artistische Kunststücke sind möglich: Konstruiere zu einem Rechteck ein Quadrat mit dem gleichen Flächeninhalt. Oder: Konstruiere zu einer Menge gegebener Quadrate eines, dessen Flächeninhalt so groß ist wie der aller gegebenen Quadrate zusammen. All das ist möglich!

Ist alles möglich? In der Antike stieß man auf drei Probleme, die damals nicht gelöst werden konnten. Diese Probleme markieren exakt die Grenze zwischen der Lösbarkeit und der Nichtlösbarkeit mit Zirkel und Lineal. Die Frage war nur, ob die Probleme innerhalb oder außerhalb dieser Grenze liegen. Diese Probleme sind:

1. Die *Verdoppelung des Kubus*: Aus einem Würfel der Seitenlänge 1, der also auch das Volumen 1 hat, soll ein Würfel konstruiert werden, der genau das doppelte Volumen hat. Dieser Würfel müsste Kanten haben, deren Länge die dritte Wurzel aus 2 ist. Die Frage ist also: Kann man allein mit Zirkel und Lineal eine Strecke der Länge $\sqrt[3]{2}$ konstruieren?

2. Die *Dreiteilung des Winkels*: Kann man zu *jedem* Winkel einen Winkel konstruieren, der genau ein Drittel so groß ist? Manchmal geht das: Zum Beispiel kann man einen Winkel von 45° dritteln, denn man kann den Winkel von 15° konstruieren (zweimaliges Halbieren eines Winkels von 60°). Die Frage ist aber: Geht das immer? Konkret: Kann man den Winkel 60° dritteln, also einen Winkel von 20° konstruieren, und zwar nur mit Zirkel und Lineal?

3. Die *Quadratur des Kreises*: Kann man zu einem gegebenen Kreis nur mit Zirkel und Lineal ein flächengleiches Quadrat konstruieren? Ein Kreis mit Radius 1 hat die Fläche π. Ein Quadrat gleichen Flächeninhalts müsste also die Seitenlänge $\sqrt{\pi}$ haben.

Diese drei Probleme konnten in der Antike nicht gelöst werden. Die Frage war, ob jemand mit einer genialen Idee eines oder alle diese Probleme lösen könnte. Die Antwort ist: Nein, nie wird jemand diese Probleme lösen können, denn sie sind unlösbar.

An dieser Antwort ist zweierlei erstaunlich: erstens, dass man beweisen kann, dass diese Probleme nicht gelöst werden können, und zweitens die Methode. Man übersetzt sie nämlich in die Algebra. Wenn man die Probleme in der analytischen Geometrie betrachtet, dann entspricht der Konstruktion von Punkten die Konstruktion von Zahlen. Wenn man Kreise miteinander oder Kreise mit Geraden schneidet, entstehen eventuell Quadratwurzeln, aber keine dritten Wurzeln und so weiter. Das heißt, «konstruierbare Zahlen» bestehen aus (eventuell sehr vielen) ineinandergeschachtelten Quadratwurzeln. Mit den Methoden der Algebra erhält man daraus die folgenden Resultate:

1. Die dritte Wurzel aus 2 ist nicht konstruierbar, die normale zweite Wurzel aus 2 (oder irgendeiner anderen natürlichen Zahl) schon, auch die vierte Wurzel, auch die achte. Aber nicht die dritte! Also ist die Verdoppelung des Würfels unmöglich.

2. Tatsächlich kann man einen Winkel von 20° nicht konstruieren. Kleinster konstruierbarer Winkel (in ganzen Graden) ist 3°; alle Winkel, die Vielfache von 3° sind, sind konstruierbar. Die Dreiteilung eines Winkels ist im Allgemeinen unmöglich, denn man kann zum Beispiel den Winkel von 60° nicht dreiteilen.

3. Die Zahl π ist nicht konstruierbar und damit auch nicht $\sqrt{\pi}$. Also ist die Quadratur des Kreises unmöglich.

33
Funktioniert die Quadratur des Kreises?

Dieser sprichwörtliche Begriff hat nicht nur eine solide mathematische Bedeutung, sondern in ihm verbirgt sich auch eine über 2000 Jahre lang ungelöste Herausforderung für die Mathematik.

Euklid hat in seinem grundlegenden Buch *Die Elemente* nur Konstruktionen mit Zirkel und Lineal zugelassen. Dabei versteht er unter «Lineal» nicht ein modernes Lineal mit

Längeneinteilung, sondern man durfte damit nur zwei Punkte durch eine Strecke verbinden. Dies ist eine rigorose Einschränkung der Mittel: Nur Kreise und Strecken dürfen verwendet werden.

Die Frage war, ob man mit diesen Methoden zu einem gegebenen Kreis ein Quadrat konstruieren kann, das exakt den gleichen Flächeninhalt hat. Auf zwei Aspekte kommt es dabei an: nur mit «Zirkel und Lineal» und «exakt». Ob das Problem mit anderen Methoden gelöst werden kann, interessiert hier nicht, und auch Näherungskonstruktionen sind nicht gefragt.

Es dauerte 2000 Jahre, genauer gesagt bis zum Jahr 1882. In diesem Jahr löste der Mathematiker Ferdinand Lindemann das Problem, und zwar negativ: Es geht nicht! Das Problem der Quadratur des Kreises ist unlösbar.

Das Problem der Quadratur des Kreises wurde gelöst, indem es zunächst in die analytische Geometrie übersetzt wurde und dann in eine Frage der Zahlentheorie, genauer gesagt in eine Frage über die Kreiszahl π. Lindemann hat gezeigt, dass π transzendent ist, das heißt, dass es keine Gleichung gibt, deren Lösung π ist. Damit war die Quadratur des Kreises ein für alle Mal erledigt.

Die Kreiszahl π hat die Mathematiker schon immer fasziniert. Archimedes (um 287–212 v. Chr.) hatte als Erster eine Ahnung davon, dass man π nie genau wird bestimmen können. Jedenfalls hat er nicht den Versuch gemacht, diese Zahl exakt zu bestimmen, sondern er hat Abschätzungen angegeben: π liegt garantiert zwischen $3 + {}^{10}/_{71}$ (= 3,1408) und $3 + {}^{1}/_{7}$ (= 3,1429). Seitdem haben sich die Mathematiker darum bemüht, immer mehr Stellen von π zu berechnen. Der derzeitige Weltrekord wird von einem Team der japanischen Universität Tsukuba gehalten: Im August 2009 berechneten sie π auf genau 2 576 980 377 524 Stellen!

Man weiß übrigens längst, dass die Dezimalbruchentwicklung von π nie endet und dass sie auch nicht periodisch ist; denn π ist eine irrationale Zahl (Johann Heinrich Lambert, 1768). Insofern ist tatsächlich jede neue Ziffer eine Überraschung.

34
Was bedeutet der Satz des Pythagoras?

In einem beliebigen Dreieck können die Seitenlängen ziemlich beliebig sein. Wenn man weiß, dass eine Seite 3 cm und eine zweite 4 cm lang ist, dann weiß man noch nicht, wie das Dreieck aussieht. Die dritte Seite kann zwischen 1 cm und 7 cm lang sein, jeweils ausschließlich, aber jede Zahl zwischen 1 und 7 ist als dritte Dreiecksseite realisierbar.

Wenn man aber weiß, dass die beiden gegebenen Seiten einen rechten Winkel bilden, dann kann man die Länge der dritten Seite ausrechnen. Das ist genau die Aussage des Satzes des Pythagoras. Dieser sagt, dass in einem rechtwinkligen Dreieck die Quadrate über den Katheten (das sind die Seiten, die an den rechten Winkel angrenzen) zusammen genau den gleichen Flächeninhalt haben wie das Quadrat über der dritten Seite, der sogenannten Hypotenuse. Wenn man, wie üblich, die Längen der Katheten mit a und b bezeichnet und die Länge der Hypotenuse mit c, dann bekommt der Satz des Pythagoras die vertraute Form, dass in einem rechtwinkligen Dreieck $a^2+b^2=c^2$ gilt. Bei dem Dreieck mit Katheten der Längen 3 cm und 4 cm berechnet man die Länge c der Hypotenuse mit $c^2=3^2+4^2=9+16=25$, also c=5 cm.

Der Satz ist wichtig, weil man mit ihm Längen und Abstände ausrechnen kann. Wenn man die Länge einer Strecke ausrechnen möchte, muss man diese nur als eine Seite eines rechtwinkligen Dreiecks auffassen, von dem man die beiden anderen Seiten kennt. Wenn man zum Beispiel in der analytischen Geometrie der Ebene den Abstand eines Punktes vom Nullpunkt bestimmen möchte, braucht man nur dessen x- und y-Koordinaten. Das sind die Längen der Katheten eines Dreiecks, dessen Hypotenuse die gesuchte Strecke ist.

Der Satz des Pythagoras ist der Satz der Mathematik, für den man die meisten Beweise kennt: über 300. Es gibt Beweise, die geometrisch argumentieren, solche, die das Problem algebraisch lösen, Beweise mit Hilfe von Abbildungen und Beweise, die den Satz auf andere Sätze zurückführen.

Hier ein besonders einfacher Beweis:

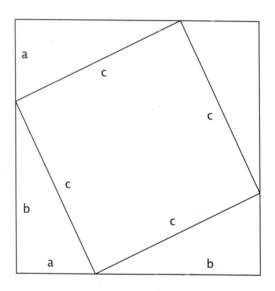

In ein Quadrat der Seitenlänge a+b zeichnet man vier Kopien des Dreiecks mit den Katheten a und b und der Hypotenuse c ein. Dann ergibt sich im Innern ein Quadrat der Seitenlänge c. Nun bestimmt man den Flächeninhalt des großen Quadrats auf zwei Weisen. Einerseits ist dieser gleich (a+b)^2, was ausmultipliziert a^2+2ab+b^2 ergibt. Andererseits besteht dieses Quadrat aus vier rechtwinkligen Dreiecken, die jeweils den Flächeninhalt $^{ab}/_2$ haben, und dem inneren Quadrat mit dem Flächeninhalt c^2. Wenn man die beiden Seiten gleichsetzt, erhält man ohne Mühe die Aussage des Satzes des Pythagoras: a^2+b^2=c^2.

35
Wie groß ist ein DIN-A4-Papier?

Bei der Festlegung der DIN-Formate hat man sich wirklich kluge Gedanken gemacht. Die DIN-Formate gibt es seit 1922, und sie wurden von dem Berliner Ingenieur Dr. Walter Porstmann entwickelt. Seinen Überlegungen liegen zwei Ideen zugrunde:

Die erste Idee heißt: Ein kleineres Format geht aus einem größeren hervor, indem man es in der Mitte faltet. Umgekehrt erhält man ein größeres, indem man zwei kleinere zusammenlegt. Zum Beispiel erhält man ein DIN-A3-Blatt, indem man zwei DIN-A4-Bögen entlang ihrer Längsseite zusammenlegt.

Die zweite Idee war, dass alle DIN-Formate ähnlich aussehen sollen. Mathematisch heißt das, dass das Verhältnis der Längen von langer zu kurzer Seite immer gleich ist. Das heißt, wenn Sie die lange Seite und die kurze Seite eines Blattes messen und wenn Sie dann die erste Zahl durch die zweite teilen, erhalten Sie immer das gleiche Ergebnis – und zwar egal, ob es sich um ein A4-Papier, eine Visitenkarte im A8-Format oder ein A2-Plakat handelt.

Kombiniert man beide Ideen, so ergibt sich durch ein bisschen Rechnen, dass das Verhältnis der Seitenlängen genau Wurzel aus 2 sein muss, also etwa 1,4. Das bedeutet, dass bei jedem DIN-Papier die lange Seite 1,4 mal so lang ist wie die kurze.

Damit sind die absoluten Größen noch nicht bestimmt. Deshalb hatte Porstmann noch die Idee, dass das größte Format, A0, eine Fläche von genau einem Quadratmeter haben sollte.

Damit kann man alles ausrechnen. Insbesondere ergibt sich, dass ein DIN-A4-Blatt genau 297 mm lang und 210 mm breit ist.

Das DIN-Format wurde 1922 eingeführt. Die Idee dazu ist aber viel älter. Der Mathematiker und Philosoph Georg Christoph Lichtenberg (1742–1799) hatte die Idee schon 1786. In einem Brief an Johann Beckmann schreibt er:

«Können mir Ew. Wohlgebohren wohl nicht sagen, wo die Formen unserer Papiermacher gemacht werden, oder ob sie sie, woran ich zweifle, selbst machen? Die Veranlassung zu dieser Frage ist vielleicht Ew. Wohlgebohren nicht unangenehm. Ich gab einmal einem jungen Engländer, den ich in Algebra unterrichtete, die Aufgabe auf, einen Bogen Papier zu finden, bey dem alle Formate als forma patens, folio, 4to, 8, 16, einander ähnlich wären. Nach gefundenem Verhältniß wolte ich nun einem vorhandenen Bogen eines gewöhnlichen Schreib=Papiers mit der Scheere das verlangte Format geben, fand aber mit Vergnügen, daß er ihn würcklich schon hatte. Es ist nämlich das Papier worauf ich dieses Billet schreibe, dem ich aber, weil durch das beschneiden etwas von der eigentlichen Form verlohren gegangen seyn kan, noch einen unbeschnittenen beylege. Die kleine Seite des Rechtecks muß sich nämlich zu der großen verhalten wie $1:\sqrt{2}$ oder wie die Seite des Quadrats zu seiner Diagonale.»

36
Ist jedes Viereck ein Quadrat?

Ganz einfach: Jeder Pudel ist ein Hund. Denn ein Pudel ist ein spezieller Hund, sozusagen ein Hund mit Zusatzeigenschaften: Zum Beispiel hat er dichtes, wolliges, gekräuseltes Fell und bewegt sich stolz und elegant. Aber nicht jeder Hund ist ein Pudel, denn es gibt auch noch Deutsche Schäferhunde, Dackel und Zwergpinscher.

Genauso ist es mit den Vierecken. Ein Quadrat ist ein Viereck mit Zusatzeigenschaften: Es hat vier gleich lange Seiten, vier rechte Winkel und vier Symmetrieachsen – alles Eigenschaften, die ein Viereck im Allgemeinen nicht hat.

Zwischen Quadrat und allgemeinem Viereck kann man noch eine ganze Reihe von Zwischenstufen unterscheiden: Rechteck, Parallelogramm und Trapez. Also gibt es viel mehr Vierecke als Quadrate, und es gilt nicht: Jedes Viereck ist ein Quadrat!

Der Philosoph Aristoteles (384–322 v.Chr.) hat die Frage der Definition wissenschaftlich formuliert. Er sagt, eine Möglichkeit, einen Begriff zu definieren, bestehe darin, den nächsten Oberbegriff («genus proximum») und die aussondernde Eigenschaft («differentia specifica») anzugeben. Zum Beispiel: Ein Trapez ist ein Viereck (genus proximum), bei

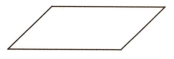

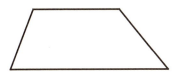

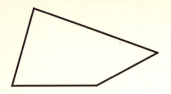
dem zwei Seiten parallel sind (differentia specifica). Oder: Ein Parallelogramm ist ein Trapez, in dem jeweils gegenüberliegende Seiten parallel sind. Oder: Ein Rechteck ist ein Parallelogramm mit (mindestens) einem rechten Winkel. Und schließlich: Ein Quadrat ist ein Rechteck mit gleich langen Seiten.

37
Welche Vielecke passen zusammen?

Klar, Vierecke, insbesondere Quadrate, passen zusammen. Das sehen Sie vermutlich jeden Morgen in Ihrem Badezimmer. Und auch wenn Sie nichts vom Schachspiel verstehen, wissen Sie, dass das Schachbrett aus Quadraten zusammengesetzt ist. Beim Schachspiel sind es 8 mal 8 Quadrate, in Ihrem Badezimmer sind es vermutlich mehr. Es könnten aber auch viel mehr sein: 30 mal 40 oder 1000 mal 1000. Ja, es könnten unendlich viele Quadrate sein; man kann sich vorstellen, dass die ganze unendliche Ebene durch Quadrate überdeckt ist.

In der Mathematik spricht man von einem «Parkett» (manchmal auch von einer «Pflasterung»), wenn eine Menge von «Parkettsteinen» die gesamte Ebene lückenlos und ohne Überschneidungen überdeckt. Das Fliesenmuster und das Schachbrett sind Ausschnitte aus Parkettierungen mit lauter gleich großen Quadraten.

Man kann sich fragen, ob es noch weitere regelmäßige Vielecke gibt, mit denen man die Ebene parkettieren kann. Diese Frage hat sich Johannes Kepler (1571–1630) als Erster gestellt, und er hat auch die Antwort gefunden: Die einzigen regelmäßigen Vielecke, die die Eigenschaft haben, dass man mit gleich großen Kopien die Ebene parkettieren kann, sind Dreiecke, Quadrate und Sechsecke.

Die regulären Parkettierungen aus Sechsecken kennen Sie von Bienenwaben; Sie können diese noch häufiger als Boden von Tankstellen sehen. Parkette aus gleichseitigen Dreiecken sind seltener; das Halmaspielbrett ist ein Ausschnitt daraus.

Diese Erkenntnis von Kepler ist nicht schwierig abzuleiten; man braucht dazu eigentlich nur zu wissen, wie groß der Winkel eines regelmäßigen n-Ecks ist.

Wir überlegen uns zunächst, dass es kein Parkett aus regulären Fünfecken geben kann. Die Winkelsumme eines Fünfecks ist 540°. (Man kann ein Fünfeck in drei Dreiecke aufteilen, in jedem Dreieck ist die Winkelsumme 180°, also ist sie im Fünfeck 3 mal 180°.) Da in einem regulären Fünfeck alle Winkel gleich groß sind, beträgt das Maß jedes Winkels 540°:5 =108°.

Nun ist 108 eine Zahl, die in 360 nicht aufgeht. Also können an einer Ecke nicht nur drei reguläre Fünfecke aufeinandertreffen; denn da bliebe noch eine kleine Lücke von 36°. Aber für vier Fünfecke ist kein Platz; diese müssten sich überschneiden. Daher kann es kein Parkett aus regulären Fünfecken geben.

Für reguläre Siebenecke, Achtecke und so weiter kann man noch großzügiger argumentieren: Alle diese haben an den Ecken Winkel von mehr als 120°. Also passen nicht mal drei dieser Vielecke zusammen an eine Ecke.

Ein charakteristisches Merkmal der Mathematik ist, dass es oft ganz genau passt. Man hat das Gefühl, dass sich einige Teile perfekt zu einem Ganzen fügen. Manche sprechen sogar vom «Wunder des Passens». Dieses Passen kann man besonders schön bei Parketten sehen.

38
Warum passen Kreise beziehungsweise Kugeln nicht gut zusammen?

Klar, weil Kreise rund sind! Natürlich wissen Sie, dass beim Zusammenlegen von perfekt runden Sachen wie Kreisscheiben Lücken bleiben müssen. Schön aussehen tut es trotzdem, wenn man gleich große Kreisscheiben, zum Beispiel 1-Euro-Münzen, zusammenlegt. Am schönsten wird es, wenn man so beginnt, dass man um eine Kreisscheibe herum sechs andere legt – schon das passt perfekt – und dann dieses Muster weiterführt. Es entsteht eine sehr regelmäßige «Packung» von Kreisscheiben. So überdecken die Kreise 90,69 % der Ebene (besser gesagt, ist der Anteil genau $\pi/2\sqrt{3}$). Besser geht es nicht. Das wusste schon Johannes Kepler. Bewiesen hat es Carl Friedrich Gauß für «Gitterpackungen» und der ungarische Mathematiker László Fejes Tóth im Jahr 1940 auch für Kugelpackungen, die keine regelmäßigen Gitterpackungen sind.

Die «Kepler-Vermutung» bezieht sich auf Kugelpackungen im dreidimensionalen Raum. Diese entstehen auf ähnliche Weise wie die Kreispackungen. Jeder Obsthändler weiß, wie es geht: Er legt zunächst eine Ebene mit Orangen: eine in die Mitte, sechs außen herum und so weiter. Dann legt er eine weitere Orange in eine Kuhle der ersten Ebene. Wieder sechs Orangen außen herum und so weiter. Dann die dritte Ebene und so weiter. So entsteht eine Kugelpackung, die genau $\pi/3\sqrt{2} \approx 74\,\%$ des Raums ausfüllt. Die Vermutung von Kepler sagt: Besser geht es nicht!

Kepler hat diese Vermutung übrigens in einer außerordentlich sympathischen Veröffentlichung beschrieben: Er schenkte seinem Freund Johann Matthäus Wacker von Wackenfels zu Neujahr 1611 ein kleines Buch mit dem Titel *Vom sechseckigen Schnee*. Darin ist die Vermutung enthalten.

Während die beste Dichte einer Kreispackung vergleichsweise einfach nachzuweisen ist, entzieht sich das entsprechende Problem für Kugelpackungen im dreidimensionalen Raum einer schnellen Behandlung. Viele Jahre blieb die Situation so, wie sie der Mathematiker C. A. Rogers spöttisch beschrieb: «Die meisten Mathematiker glauben und alle Physiker wissen», dass es keine dichtere Kugelpackung als die «Obsthändlerpackung» gibt.

Im Jahr 1992 begann der amerikanische Mathematiker Thomas Hales mit der Arbeit an einem Beweis. Er reduzierte die gesamte Fülle auf etwa 5000 Kugelpackungen. Sein Beweis wurde durch sehr umfangreiche Computerrechnungen unterstützt. Als er 1998 ein umfangreiches Manuskript bei einer Zeitschrift einreichte, arbeitete eine hochrangige Gutachterkommission die 250 Seiten durch, um am Ende zu dem Schluss zu kommen, dass sie «zu 99% sicher» seien, dass der Beweis richtig ist.

39
Warum verwenden Bienen für die Waben Sechsecke?

Wir alle haben das Muster der Bienenwaben vor Augen. Es besteht aus sechseckigen, regelmäßigen Zellen, die perfekt aneinanderpassen. Jede Zelle ist ein Sechseck, das von weiteren sechs Sechsecken umgeben ist.

Warum verwenden die Bienen Sechsecke? Und wie schaffen sie es, Sechsecke herzustellen? Können Bienen zählen? Und warum verzählen sie sich nie?

Das sind natürlich die falschen Fragen. Wir kommen dem Rätsel näher, wenn wir daran denken, dass die Waben nicht nur für den Honig da sind, sondern auch zur Aufzucht der Larven, aus denen dann die Bienen werden. Diese Larven sind, von oben gesehen, kreisförmig. Daher besteht die eigentliche Aufgabe darin, gleich große Kreisscheiben möglichst optimal zu packen.

Sie können das mit Münzen ausprobieren: Um eine 1-Euro-Münze herum passen genau sechs 1-Euro-Münzen und auch um jede einzelne von diesen herum erneut jeweils sechs. Und immer so weiter. Wenn Sie dann die Grenzen zwischen je zwei Münzen durch eine kleine Linie bezeichnen, erhalten Sie ein Muster aus perfekt aneinanderliegenden Sechsecken. Kurz gesagt: Wenn man Kreisscheiben optimal packen möchte, ergibt sich ein Sechseckmuster – eben die Bienenwaben.

Eine andere Erklärung besteht darin, dass die Kanten eines Sechseckgitters eine minimale Gesamtlänge haben. Vergleicht man das Sechseckmuster mit einem Quadrat- oder einem Dreiecksmuster, dann ergibt sich, dass die Bienen für das Sechseckmuster deutlich weniger Wachs für die Begrenzungen der Zellen benötigen, als das bei den anderen Mustern der Fall ist.

40
Warum gibt es nur fünf platonische Körper?

Die sogenannten platonischen Körper haben in der Mathematik und vielen anderen Gebieten seit jeher eine wichtige Rolle gespielt. Definiert ist ein platonischer Körper als ein dreidimensionaler Körper, der durch regelmäßige n-Ecke begrenzt ist, von denen jeweils die gleiche Anzahl m an einer Ecke zusammenkommen. Zur Definition eines platonischen Körpers gehört noch, dass er konvex ist; dies bedeutet, dass er keine herausstehenden Spitzen und Einbuchtungen hat. (Formal definiert man ein konvexes Gebilde so, dass mit je zwei Punkten P und Q jeder Punkt der Verbindungsstrecke von P nach Q in dem Gebilde enthalten ist.)

Es gibt nur fünf platonische Körper: Tetraeder (Vierflächner), Würfel (auch Hexaeder, Sechsflächner, genannt), Oktaeder (Achtflächner), Ikosaeder (Zwanzigflächner) und Dodekaeder (Zwölfflächner).

Körper		Anzahl der Flächen	Anzahl der Ecken	Antikes Element
Tetraeder		4	4	Feuer
Hexaeder (Würfel)		6	8	Erde
Oktaeder		8	6	Luft
Ikosaeder		20	12	Wasser
Dodekaeder		12	20	Universum

Die fünf platonischen Körper

Der Philosoph Platon (428/27–348/47 v. Chr.) hat die fünf platonischen Körper mit den vier antiken Elementen in Verbindung gebracht: Das Feuer gehört zum Tetraeder, die Erde zum Würfel, die Luft zum Oktaeder und das Wasser zum Ikosaeder. Einer bleibt übrig: der Dodekaeder. Dieser war etwas Besonderes. Er wurde mit der Quintessenz, dem geistigen Element, oder auch einfach dem Universum identifiziert.

Aus mathematischer Sicht ist interessant, dass es nur diese fünf platonischen Körper gibt. Das ist einer der ersten Klassifikationssätze der Mathematik: Man kann alle konkreten Objekte bestimmen, die der allgemeinen Definition genügen.

Dieser Satz wurde von Theätet (Theaitetos), einem Schüler Platons, bewiesen.

Der Grundgedanke des Beweises ist unschwer einzusehen. Dazu stellen wir uns einen platonischen Körper vor. Genauer gesagt, schauen wir uns eine Ecke des Körpers an. An dieser Ecke müssen mindestens drei Flächen zusammentreffen, sonst würde es sich ja nicht um eine Ecke handeln. Wenn die Flächen Sechsecke wären oder noch mehr Ecken hätten, dann betrüge der Innenwinkel in jeder Fläche mindestens 120°. Drei Flächen würden also zusammen mindestens 360° ergeben; das kann keine Ecke eines konvexen Körpers sein.

Also sind die Flächen Fünfecke, Vierecke oder Dreiecke. Bei erneuter Betrachtung der Winkel sieht man, dass im Fall der Fünfecke und Vierecke jeweils genau drei aneinanderstoßen müssen. Bei Dreiecken hat man die Möglichkeit, dass jeweils 5, 4 oder 3 zusammenkommen.

Also gibt es fünf Möglichkeiten: Dodekaeder, Würfel, Ikosaeder, Oktaeder und Tetraeder.

41
Schneiden sich Parallelen im Unendlichen?

Eine schwierige Frage – vor allem deswegen, weil wir schon viel zu viel wissen und unser Gehirn unseren Augen nicht glaubt.

Stellen Sie sich vor, dass Sie auf einer Brücke stehen und auf ein Eisenbahngleis blicken, das unter der Brücke geradlinig von Ihnen wegläuft. Der Eindruck ist unabweisbar: Die beiden Schienen laufen aufeinander zu. Obwohl das «in Wirklichkeit» natürlich nicht so ist, denn die Spurweite der Lokomotive und der Wagen ändern sich während der Fahrt nicht.

Eines haben wir also schon verstanden: Es kommt auf den Blickpunkt an!

Sie begeben sich zurück auf die Brücke und stellen sich vor, Sie seien ein Maler und wollten die Schienen malen. Am besten ist es, wenn Sie sich vorstellen, dass Sie das Bild auf eine senkrecht vor Ihnen stehende Glasscheibe malen würden. Kneifen Sie ein Auge zu, und malen Sie die Schiene. Tatsächlich, die beiden Schienen verlaufen auch auf der Glasplatte geradlinig. Die beiden Geraden, die den Schienen auf der Glasplatte entsprechen, kommen einander immer näher, erreichen sich aber nie, weil die Schienen einfach vorher aufhören. Aber wenn Sie die beiden Geraden verlängern, dann schneiden diese sich in einem Punkt. Die Maler nennen diesen Punkt den Fluchtpunkt. Dieser liegt genau auf der Höhe Ihres Auges, des Auges des Malers.

Versuchen Sie auch, die Schwellen zwischen den Schienen zu malen. Obwohl die Schwellen, wenn man die Schienen abschreitet, jeweils den gleichen Abstand haben, rücken sie auf dem Bild immer näher zusammen, je weiter sie entfernt sind. Der Abstand verringert sich jeweils um einen bestimmten Faktor.

Man kann die Frage «Schneiden sich die parallelen Schienen im Unendlichen?» nicht mit «ja» oder «nein» beantworten. Die Idee des Fluchtpunkts zeigt aber, was an substantiellen mathematischen und künstlerischen Erkenntnissen dahintersteckt.

42
Was ist nichteuklidische Geometrie?

Euklid, der etwa 300 v. Chr. lebte, hat die nach ihm benannte euklidische Geometrie begründet. Er ist dabei streng logisch vorgegangen: Aus Axiomen und Postulaten – Grundsätzen, die nicht bewiesen werden – leitet sich alles Weitere ab. Das heißt, dass zum Beweis eines Satzes nur die Axiome und Postulate und die schon bewiesenen Sätze benutzt werden dürfen.

Also kommt es auf die Axiome an. Die meisten sind auch heute noch gebräuchlich, zum Beispiel: «Durch zwei Punkte geht genau eine Gerade.» Ein Postulat jedoch hat den Mathematikern zweitausend Jahre lang Kopfzerbrechen bereitet. Es ist das Parallelenpostulat. Dieses lautet so: *Wenn eine Gerade beim Schnitt mit zwei Geraden h und k bewirkt, dass innen auf derselben Seite entstehende Winkel zusammen kleiner als zwei rechte Winkel werden, dann treffen sich die zwei geraden Linien h und k bei Verlängerung ins Unendliche.*

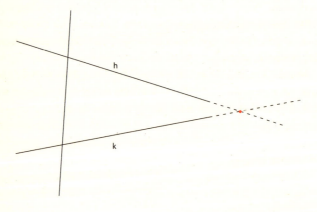

Dieser Satz ist lang, kompliziert und nur schwer verständlich, und außerdem ist von parallelen Geraden gar nicht die Rede. Deshalb dachten die Mathematiker zweitausend Jahre lang: Das kann kein Axiom sein, das muss doch bewiesen werden können. Diese Ansicht änderte sich auch nicht, als man herausfand, dass sich das Parallelenpostulat von Euklid auch ganz einfach so ausdrücken lässt: *Durch einen Punkt außerhalb einer Geraden geht genau eine Parallele.*

Das Parallelenpostulat wurde auch bewiesen, selbst von berühmten Mathematikern. Aber alle diese Beweise waren falsch.

Die Lösung dieses Problems kam im 19. Jahrhundert durch den ungarischen Mathematiker Janos Bolyai (1802–1860) und den russischen Mathematiker Nikolai Lobatschewski (1792–1856). Die Lösung war unerwartet, weil sie der zweitausendjährigen Erwartung widersprach: Bolyai und Lobatschewski zeigten unabhängig voneinander, dass es tatsächlich nichteuklidische Geometrien gibt, dass also Geometrien existieren, in denen alle Axiome gelten – bloß das Parallelenpostulat nicht. Diese Erkenntnisse waren eine Revolution, vor allem deswegen, weil sie die Kantische Überzeugung zerstörten, die euklidische Geometrie sei die einzig denkmögliche.

Die Ironie der Geschichte ist, dass Euklid darauf bestand, dass das Parallelenpostulat ein Axiom ist. Was die Vermutung erlaubt, irgendwie habe er doch geahnt, dass es auch nichteuklidische Geometrien geben könnte. Jedenfalls kann man nach zweitausend Jahren Mathematikgeschichte sagen: «Und Euklid hatte doch recht!»

43
Warum ist Symmetrie schön?

Das Symbol für Symmetrie ist eine Balkenwaage, also eine Waage, die in der Mitte aufgehängt ist und rechts und links je eine Schale hat. Wenn in beiden Schalen Dinge mit dem gleichen Gewicht liegen, dann ist die Waage im Gleichgewicht, dann ist sie ausbalanciert, dann sieht sie rechts und links gleich aus. Dann ist sie symmetrisch.

Symmetrie ist der Gleichklang von rechts und links. Symmetrie ist für uns Menschen nichts Besonderes, denn wir selbst sind ja symmetrisch. So wie alle Tiere, inklusive Vögel und Fische. Klar, sie müssen symmetrisch sein, sonst würden sie sich ja nicht geradeaus bewegen, sondern im Kreis gehen, fliegen oder schwimmen. Die Evolution hat uns gelehrt, dass Symmetrie für uns das Richtige ist. Deshalb finden wir sie schön.

Besonders deutlich wird Symmetrie im Spiegel. Alles, was sich vor einem Spiegel befindet, wird durch den Spiegel exakt verdoppelt. Noch deutlicher zeigt sich dies, wenn Sie zum Beispiel einen Halbkreis an den Spiegel halten. Dieser kann auf einem Blatt Papier aufgezeichnet oder aus Draht gebogen sein. In jedem Fall entsteht dann ein vollständiger Kreis, der aus zwei identischen Hälften besteht. Es entsteht ein symmetrisches Ganzes. Etwas Schönes!

Symmetrie hat etwas Verführerisches. Sie suggeriert uns, dass Rechts und Links untrennbar zusammengehören und dass es dazwischen nichts gibt. Deshalb finden wir auch andere polare Zweiheiten gut und werden verführt zu denken, die Welt würde sich in solchen Gegensätzen erschöpfen, obwohl oft gerade die Zwischenzustände interessant sind: Tag und Nacht, Sommer und Winter, Sonne und Mond, Oben und Unten, Heiß und Kalt, Ja und Nein, Mann und Frau, Null und Eins und so weiter.

Besonders schön hat der Dichter Eduard Mörike in seinem Gedicht «Um Mitternacht» die Symmetrie von Tag und Nacht im Bild der Waage ausgedrückt und auf diese Weise die unvergleichliche Nachtruhe, die es zu seiner Zeit noch gab, beschrieben:

> *Gelassen stieg die Nacht an Land,*
> *lehnt träumend an der Berge Wand;*
> *ihr Auge sieht die goldne Waage nun*
> *der Zeit in gleichen Schalen stille ruhn.*

44
Wie kommen Zahlen in den Raum?

Stellen Sie sich eine Spinne vor. Eine Spinne, die in der Ecke eines Raumes sitzt. Sie sitzt dort regungslos und scheint zu schlafen. Doch sie hat den gesamten Raum im Blick. Sie hat ihn im Griff. Weil sie die ideale Position hat.

Genauso sind die Mathematiker. Um den Raum zu beherrschen, brauchen sie ein Koordinatensystem. Dieses besteht aus einem Punkt, dem sogenannten Koordinatenursprung. Dieser Punkt ist das Entscheidende, dort sitzen sie wie die Spinne in der Ecke. Vom Koordinatenursprung ausgehend, definieren sie drei Richtungen: die «x-Achse» nach rechts und links, die «y-Achse» nach oben und unten und die «z-Achse» nach vorne und hinten. Damit beherrscht man den gesamten Raum: Jeder Punkt im Raum ist eindeutig festgelegt durch seine x-Koordinate, seine y-Koordinate und seine z-Koordinate. Man muss eine Strecke auf der ersten Achse, eine Strecke auf der zweiten Achse und eine Strecke auf der dritten Achse festlegen. Durch diese drei Zahlen, die «Koordinaten», wird ein Punkt definiert.

Die Punkte werden durch Koordinaten bestimmt und die geometrischen Gebilde (Geraden, Ebene, Kugel, Kegel usw.) durch Gleichungen. Das klingt langweilig, ist aber von kaum zu überschätzender Bedeutung. Denn damit kann man alles, was man möchte, ausrechnen! Man kann die Gleichung einer Kugel aufstellen, man kann Planetenbahnen durch Gleichungen beschreiben, und man kann auch mathematische Sätze wie den Satz des Pythagoras beweisen. Man muss nicht mehr scharfsinnig überlegen und geniale Einfälle haben, sondern man kann alles durch stures Gleichungslösen ausrechnen. Heute würden wir genauer sagen: Wir rechnen es nicht aus, sondern wir lassen es den Computer ausrechnen!

Dieser Zweig der Geometrie, in dem mit Koordinaten gerechnet wird, heißt «analytische Geometrie». Diese wurde von dem Philosophen und Mathematiker René Descartes (1596–1650) erfunden. Die Methode der analytischen Geometrie ist ein gewaltiger Fortschritt: Nach etwa zweitausend Jahren wurde der Werkzeugkasten der griechischen Geometrie erstmals substantiell erweitert.

Neben der Effizienz des Rechnens hat die analytische Geometrie einen weiteren enormen Vorteil: Man kann mit ihr nicht nur zweidimensionale und dreidimensionale Geometrie betreiben, sondern ohne Weiteres auch vierdimensionale, fünfdimensionale und so weiter. Punkte sind dann eben durch vier beziehungsweise fünf Koordinaten bestimmt. Und wenn Sie klagen: «Das kann ich mir aber nicht vorstellen!», dann sage ich Ihnen: «Das brauchen Sie auch gar nicht.» Ein Vorteil der Mathematik ist gerade, dass sie unser Erkenntnisinstrumentarium erweitert: Wir müssen nicht dort stehen bleiben, wo unsere Vorstellung endet. Vielmehr bietet die Mathematik Werkzeuge, mit dem wir Räume erforschen können, die unser reales Auge (und auch unser inneres Auge) nie sehen wird!

45
Kann man sich den vierdimensionalen Raum vorstellen?

Ich kann es nicht. Und ob andere es können, kann ich nicht beurteilen.

Die Antwort der Mathematik ist eindeutig: Das braucht man auch gar nicht. Denn alles, was wir über den vierdimensionalen Raum wissen wollen, können wir auch herauskriegen, ohne uns diesen «vorzustellen» (was immer das bedeuten mag).

Die Methode ist einfach: Der Schritt von der Ebene zum dreidimensionalen Raum dient als Vorbild; nun versucht man, den entsprechenden Schritt vom dreidimensionalen Raum aus zu unternehmen. Dabei hat man zunächst das Gefühl, einen Schritt ins Leere zu tun. Aber das Erstaunliche ist: Indem man diesen Schritt ausführt, «entsteht» gewissermaßen der vierdimensionale Raum, und der Boden, auf dem man sich bewegt, wird von Überlegung zu Überlegung immer fester.

Wir machen die Probe aufs Exempel und fragen: Wie sieht ein vierdimensionaler Würfel aus? Vielleicht ist es ein bisschen viel verlangt herauszubekommen, wie dieser «aussieht», aber man könnte beispielsweise einfach fragen: Wie viele Ecken und Kanten hat ein vierdimensionaler Würfel?

Der zweidimensionale Würfel ist das Quadrat. Man kommt zum dreidimensionalen Würfel, indem man die Ecken des Quadrats verdoppelt. Im «normalen» dreidimensionalen Würfel sehen wir oben und unten jeweils ein Quadrat.

Dies legt nahe, den vierdimensionalen Würfel als «verdoppelten normalen Würfel» zu sehen. Aus acht Ecken werden 16 Ecken.

Nun schauen wir uns die Kanten an. Jede Ecke eines Quadrats begrenzt zwei Kanten. Beim normalen Würfel gehen die Kanten in drei Richtungen – beim vierdimensionalen Würfel, so schließen wir kühn, gehen von jeder Ecke vier Kanten in vier Richtungen aus.

Um die Anzahl der Kanten des vierdimensionalen Würfels zu berechnen, multiplizieren wir die Anzahl seiner Ecken mit vier. Dabei wird jede Kante doppelt gezählt, also müssen wir diese Zahl noch durch zwei teilen. Somit ist die Anzahl der Kanten 16 mal 4 geteilt durch 2, also 32.

Ebenso wie beim dreidimensionalen Würfel jeweils zwei Kanten an einer Ecke ein Quadrat erzeugen, so spannen beim vierdimensionalen Würfel jeweils drei Kanten an einer Ecke einen normalen Würfel auf.

All diese Analogieschlüsse werden bestätigt und verstärkt, wenn man sich mögliche Koordinaten für den vierdimensionalen Würfel überlegt. Ein wichtiger Vorteil von Koordinaten ist, dass man den vierdimensionalen Würfel damit auch rechnerisch in den Griff bekommt.

Jede Ecke des Quadrats hat zwei Koordinaten, und wenn die linke untere Ecke der Koordinatenursprung ist und eine weitere Ecke im Abstand 1 auf der x-Achse liegt, dann sind die Koordinaten 00, 10, 01 und 11. Der dreidimensionale Würfel wird als räumliches Gebilde durch drei Koordinaten beschrieben; diese sind zum Beispiel 000, 001, 010, 011, 100, 101, 110 und 111. Die Ecken eines vierdimensionalen Würfels werden durch jeweils vier Koordinaten beschrieben, und nach dem Vorbild des zweidimensionalen und dreidimensionalen Gebildes liegt es nahe, für die Koordinaten alle «Viererkombinationen» von 0 und 1 zu wählen. Das sind die folgenden: 0000, 0001, 0010, 0011, 0100, 0101, 0110, 0111, 1000, 1001, 1010, 1011, 1100, 1101, 1110 und 1111. Zählen Sie nach: Das sind 16 Punkte.

Wer Koordinaten lesen kann, sieht in den Koordinaten des vierdimensionalen Würfels dreidimensionale Würfel: Betrachtet man diejenigen Ecken des vierdimensionalen

Würfels, deren erste Koordinate null ist, sieht man, dass deren zweite, dritte und vierte Koordinaten die Punkte eines dreidimensionalen Würfels bilden. Das gilt übrigens auch für die Ecken mit erster Koordinate 1. Es beschreibt exakt die «Verdoppelung» des dreidimensionalen Würfels, von dem wir ausgegangen sind.

Vielleicht können Sie sich jetzt doch den vierdimensionalen Raum ein bisschen vorstellen?

Formeln

46
Was ist 1+2+3+...+100?

Carl Friedrich Gauß, der von 1777 bis 1855 lebte, war schon als Kind ein Genie. Er besuchte in Braunschweig eine einklassige Volksschule. Der Lehrer wollte die Schüler beschäftigen und vermutlich eine Zeit lang seine Ruhe haben und stellte zu diesem Zweck seinen Schülern die Aufgabe, die Zahlen 1 bis 100 zusammenzuzählen. Alle schwitzten und rechneten, aber der kleine Gauß hatte das richtige Ergebnis im Nu erhalten, schrieb dieses auf seine Schiefertafel und legte sie mit den Worten «Ligget se!» (das heißt: Dort liegen sie) auf das Pult.

Gauß hatte sich überlegt, dass man die Zahlen nicht der Reihe nach addieren muss, sondern dass man das auch auf die folgende Art und Weise machen kann: Man nimmt die 1 und die 100 zusammen und erhält 101. Ebenso ist die Summe der zweiten und der vorletzten Zahl, also 2+99, gleich 101. Auch die dritte und die drittletzte Zahl, nämlich 3 und 98, ergeben zusammen 101. Und so weiter. Es kommt immer 101 heraus, bis zu 50+51. Insgesamt haben wir 50 mal 101 erhalten. Die Gesamtsumme ist also 50 mal 101, das heißt 5050. Wie immer: Wenn man weiß, wie's geht, ist es ganz einfach.

Diese Zahl schrieb Gauß auf die Tafel. Echt genial! Ob Gauß als Kind auch schon eine Formel dafür hatte, weiß man natürlich nicht. Aber der Trick von Gauß führt direkt zu einer Formel, mit der man die Summe der ersten n positiven ganzen Zahlen ganz einfach ausrechnen kann:

$$1+2+3+\ldots+n = n(n+1)/2.$$

Mit einer ähnlichen Methode kann man auch andere Summen ausrechnen. Zum Beispiel die Summe der ersten ungeraden Zahlen, die Summe der ersten geraden Zahlen und so weiter. Die Summe der ersten ungeraden Zahlen ist besonders schön:

$$1+3+5+\ldots+(2n-1) = n^2.$$

Später hat Gauß grundlegende und bedeutende Erkenntnisse in der Zahlentheorie erzielt. Man kann den blitzartigen Einfall des kleinen Gauß als Vorzeichen dafür sehen. Offenbar hatte er schon damals ein besonderes Verhältnis zu Zahlen.

47
Wie viele Reiskörner liegen auf dem Schachbrett?

Der Erfinder des Schachspiels war ein Weiser namens Sessa Ebn Daher, der sich das königliche Spiel für seinen Herrscher Shehram ausgedacht hatte. Dieser war so begeistert, dass er dem Weisen die Erfüllung eines beliebigen Wunsches gewährte. Daraufhin lächelte Sessa Ebn Daher und bat um nichts weiter als darum, ihm auf das erste Feld des Schachbretts ein Reiskorn zu legen, auf das zweite zwei, auf das dritte vier und so fort, immer auf das nächste doppelt so viele wie auf das vorige.

König Shehram soll über diesen scheinbar bescheidenen Wunsch, je nach Überlieferung, verwundert oder ungehalten gewesen sein. Als aber die Rechenkünstler des Landes nach langen, harten Berechnungen feststellen mussten, dass auf dem Schachbrett insgesamt 18 Trillionen, 446 Billiarden, 744 Billionen, 73 Milliarden, 709 Millionen, 551 Tausend und 615 Reiskörner liegen müssten, ein Vielfaches der damaligen und der heutigen Jahresproduktion an Reis auf der Erde, da gab sich der Herrscher seinem Weisen geschlagen. Wie Sessa Ebn Daher tatsächlich entlohnt wurde, ist nicht überliefert.

Das Problem, an dem König Shehram scheiterte, ist das unvorstellbar dramatische, sogenannte exponentielle Wachstum, bei dem sich die Anzahl bei jedem Schritt verdoppelt. Mit Hilfe der Mathematik kann man das alles leicht ausrechnen: Auf dem dritten Feld liegen 4, also 2 hoch 2 Körner, auf dem zehnten 512, also 2 hoch 9 Körner, und auf dem letzten Feld mit der Nummer 64 liegen 2 hoch 63 Körner. Und wenn man diese Zahlen alle addiert, kommt man auf 2 hoch 64 minus 1, und das ist genau die obige Monsterzahl.

Rechnen ist leicht – aber vorstellen können wir uns das kaum. In diesem Punkt verstehen wir König Shehram gut.

48
Ein Euro an Christi Geburt – was ist der heute wert?

Es ist ein reines Gedankenexperiment – mit einer ernsten Erkenntnis. Angenommen, Sie hätten bei Christi Geburt, also vor ca. 2000 Jahren, einen Euro angelegt. Ich weiß: Damals haben Sie noch nicht gelebt, und Ihre Ahnenreihe lässt sich so weit nicht zurückverfolgen. Außerdem gab es keine Euros. Und erst recht noch keine Banken im heutigen Sinne. Aber es ist ja nur ein Gedankenexperiment: Also, Sie legen vor 2000 Jahren einen Euro an, zu einem langweiligen Zinssatz von, sagen wir, 2 %.

Im ersten Jahr vermehrt sich der Euro um 2 Cent, so dass Sie am Ende des ersten Jahres einen Euro und 2 Cent haben.

Im zweiten Jahr wird nicht nur der eine Euro verzinst, sondern auch die 2 Cent Zinsen aus dem ersten Jahr. Sie erhalten also nicht nur 2 Cent Zinsen, sondern 2,04 Cent.

Wenn Sie meinen, darauf kommt's nicht an, dann täuschen Sie sich; denn genau darauf kommt es an. Mit jedem Jahr wird der Betrag, von dem die Zinsen berechnet werden, größer. Zugegeben, am Anfang ist die Zunahme kaum zu erkennen. Nach zehn Jahren haben Sie erst einen Euro und 22 Cent. Aber nach hundert Jahren sind es schon 7 Euro 24. Damit können Sie auch noch keine großen Sprünge machen, aber Sie merken schon: Da steckt noch Potenzial drin! Nach 200 Jahren sind es schon 52 Euro, nach 300 sind es 380 Euro, und dann geht es erst richtig los.

Nach 500 Jahren haben Sie schon knapp 20 000 Euro, nach 700 Jahren eine Million, nach 1000 Jahren fast 400 Millionen, nach 1500 Jahren, also zu Zeiten von Kolumbus und Gutenberg, 8 Billionen Euro, und spätestens jetzt würde sich auch der Finanzminister für Ihr Vermögen interessieren. Und heute, nach 2000 Jahren, wären aus dem einen Euro sage und schreibe 158 Billiarden Euro geworden.

Zu berechnen ist das alles einfach: Nach x Jahren hat sich das Grundkapital bei einem Zinssatz von 2 % um den Faktor 1,02 hoch x vermehrt – aber glauben kann man es nicht.

Übrigens: Das Gleiche passiert mit Schulden: Wenn Sie bei Christi Geburt einen Euro Schulden aufgenommen hätten und Ihre Zinsen nie beglichen hätten, dann säßen Sie heute auf einem Schuldenberg von vielen Billiarden Euro!

49
Warum ist minus mal minus gleich plus?

Das ist eine wirklich schwierige Frage. Schwierig deswegen, weil es letztlich nur mathematikinterne Gründe für «minus mal minus gleich plus» gibt.

Aber langsam! Negative Zahlen wurden zwar jahrhundertelang nicht als wirkliche Zahlen angesehen, aber das haben wir heute akzeptiert. Im Zeitalter der Kredite, Schulden und Verbindlichkeiten kann kein Zweifel an der Realität negativer Zahlen herrschen.

In der Tat sind – didaktisch betrachtet – Schulden ein sehr schönes Beispiel für negative Zahlen, da man sich an diesem Modell fast alle Rechenregeln klarmachen kann. Dazu einige Beispiele:

$-7+3$: Wenn man 7 Euro Schulden und 3 Euro Guthaben hat, ergeben sich insgesamt 4 Euro Schulden,
also gilt $-7+3=-4$.
$-7+(-5)$: 7 Euro Schulden plus 5 Euro Schulden ergeben 12 Euro Schulden, also $-7+(-5)=-12$.
«plus mal minus»: $4\times(-3)$ heißt 4 mal 3 Euro Schulden, also ist $4\times(-3)=-3+-3+-3+-3=-12$.
Also gilt «plus mal minus gleich minus».

Wie gesagt, mit dem Schuldenmodell lassen sich fast alle Rechengesetze motivieren. Fast alle. Das einzige Gesetz, das man so nicht belegen kann, ist das notorische «minus mal minus». Denn was soll es bedeuten, -3 mal -4 Euro Schulden zu haben?

Mit dem «minus mal minus» wird man nur fertig, wenn man mathematisch argumentiert. Dazu sagen wir: Wir sehen die negativen Zahlen als ganz normale Zahlen an, mit denen man genauso rechnen können soll, wie wir es von den positiven Zahlen gewöhnt sind. Das klingt vernünftig, ist aber eine Voraussetzung (bzw. ein Axiom), welches wir den negativen Zahlen aufprägen.

Wenn wir das machen, können wir nicht nur allgemein gut rechnen, sondern es ergibt sich auch zwangsläufig das «Minus-mal-minus»-Gesetz.

Dazu betrachten wir die Gleichung $-4+4=0$ und multiplizieren diese mit -3. Wir erhalten $(-4)\times(-3)+4\times(-3)=0\times(-3)=0$.

Da wir schon wissen, dass $4\times(-3)=-4\times 3$ ist, können wir in dieser Gleichung den Summanden $4\times(-3)$ durch -4×3 ersetzen und erhalten $(-4)\times(-3)-4\times 3=0$ und damit tatsächlich $(-4)\times(-3)=4\times 3$.

Da man diese Rechnungen mit je zwei Zahlen anstelle von 4 und 3 durchführen kann, gilt tatsächlich immer «minus mal minus gleich plus»!

Wir fragen uns aber: Wo haben wir jetzt wirklich eine Regel benutzt, die sich nicht durch das Modell der Schulden motivieren ließe? Das war an der Stelle, als wir die Gleichung $-4+4=0$ mit -3 multipliziert haben. Um dies deutlich zu sehen, lesen wir die Gleichung als $0=-4+4$ und führen die Multiplikation noch einmal sorgfältig durch:

$$0=0\times(-3)=[-4+4]\times(-3)=(-4)\times(-3)+4\times(-3).$$

Beim letzten Gleichheitszeichen ist es passiert: Wir haben das «Distributivgesetz», das heißt das «Ausklammern», auch für negative Zahlen benutzt. Genau hier kommt die axiomatische Setzung ins Spiel: Wenn wir wollen, dass das Distributivgesetz auch im Bereich der negativen Zahlen gilt, dann folgt zwangsläufig minus mal minus gleich plus.

Die Einhaltung der Rechenregeln auch bei negativen Zahlen hat sich außerordentlich bewährt, und so erweist sich auch das auf den ersten Blick etwas verwirrende «minus mal minus ist plus» als eine durchaus sinnvolle Regel.

Und noch etwas: Manchmal muss man in der Mathematik ganz genau hinschauen, um zu sehen, worauf es wirklich ankommt!

50
Wozu sind die binomischen Formeln gut?

Die binomische Formel ist die Formel aller Formeln. Im Guten wie im Schlechten. Von Schülern gefürchtet, von Mathematikern als selbstverständliches Werkzeug geachtet. Für viele Schülerinnen und Schüler ist diese Formel der Gipfel der Unverständlichkeit, während Mathematiker nicht verstehen können, was daran überhaupt unverständlich sein soll.

Zunächst: «Binomisch» bedeutet, dass dabei zwei («bi») Unbekannte eine Rolle spielen. Es geht um a+b. Genauer gesagt, handelt es sich darum, wie man Potenzen der Summe a+b ausrechnen kann, zum Beispiel das Quadrat dieser Summe, also $(a+b)^2$. Die rechte Seite der binomischen Formel sagt, dass sich das Quadrat einer großen Zahl (nämlich a+b) ausrechnen lässt, indem man einige kleinere Zahlen (nämlich nur a und b) multipliziert und diese Produkte dann addiert: $a^2+2ab+b^2$. Insgesamt lautet die Formel: $(a+b)^2=a^2+2ab+b^2$.

Wir überzeugen uns durch ein Beispiel. Angenommen, wir wollen 13^2 ausrechnen. Wir schreiben 13 als 10+3. Dann ist a=10 und b=3. Damit können wir rechnen:

$$13^2=(10+3)^2=10^2+2\times10\times3+3^2=100+60+9=169.$$

Viele Schülerinnen und Schüler stören sich an dem Term «2ab», sie fänden es viel schöner, wenn die Formel «einfach» lauten würde $(a+b)^2=a^2+b^2$. Aber Achtung: Die Formel wird so nicht schöner, sondern falsch. Das «2ab» ist keine Schikane sadistischer Mathematiker, sondern gehört unverzichtbar zur binomischen Formel.

Noch ein Beispiel: Was ist 1001^2? Die binomische Formel macht diese Aufgabe einfach:

$1001^2=(1000+1)^2=1000^2+2\times1000\times1+1^2=1\,000\,000+2000+1=$
$1\,002\,001$.

Man kann die binomische Formel auf verschiedene Arten beweisen. Am schönsten ist der geometrische Beweis:

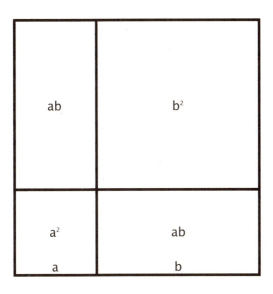

Man zeichnet zunächst ein Quadrat der Seitenlänge a+b. Dieses hat den Flächeninhalt $(a+b)^2$. In dieses große Quadrat zeichnet man in gegenüberliegende Ecken Quadrate mit den Seitenlängen a und b. Diese haben zusammen den Flächeninhalt a^2+b^2. Übrig bleiben zwei Rechtecke mit den Seitenlängen a und b; jedes hat den Flächeninhalt ab, zusammen haben sie demnach den Flächeninhalt 2ab. Insgesamt ergibt sich also

$(a+b)^2$=Fläche des großen Quadrats=
Summe der Teilflächen des Quadrats=$a^2+2ab+b^2$.

51
Was bedeutet «Wurzel»?

Ganz einfach: Wurzel aus 4 ist 2, Wurzel aus 9 ist 3, Wurzel aus 10 ist – na ja, eine Zahl, die ein bisschen größer als 3 ist. Jede positive Zahl hat eine Wurzel. Das können Sie auf Ihrem Taschenrechner überprüfen. Tippen Sie irgendeine Zahl ein, und drücken Sie die Wurzeltaste. Es erscheint eine Zahl und nicht die Anzeige «Error».

Bei diesem Experiment werden Sie meistens eine Kommazahl erhalten. Und wenn Ihr Taschenrechner nicht nur acht Stellen anzeigen würde, dann könnten Sie erkennen, dass diese Zahlen unendlich lange weitergehen. Mathematisch ausgedrückt: Meistens ist die Quadratwurzel einer natürlichen Zahl eine «irrationale» Zahl, also eine Zahl, die kein Bruch ist. Das ist immer dann der Fall, wenn die Zahl selbst keine Quadratzahl ist. Die Wurzel aus 9 ist 3, die Wurzel aus 25 ist 5 und so weiter. Aber die Wurzeln aus 10, aus 12, aus 20 oder aus 24 sind jeweils irrationale Zahlen.

Vor einiger Zeit haben es die Quadratwurzeln sogar auf die Politikseiten der Zeitungen geschafft. Dabei ging es um die Sitzverteilung im europäischen Parlament. Wenn man die Sitze proportional zu der Stimmenanzahl verteilen würde, dann wären kleine Mitgliedsstaaten wie Luxemburg oder Malta mit maximal einem Angeordneten vertreten. Daher versuchte man, Systeme zu finden, die die kleinen Staaten tendenziell bevorzugen.

Eine besonders originelle Idee ist das Quadratwurzelverfahren, das seine Überzeugungskraft auch aus der scheinbaren Objektivität der Mathematik bezieht. Von Polen wurde vorgeschlagen, dass die Stimmen der Mitgliedsstaaten nicht proportional zu ihrer Bevölkerungszahl, sondern proportional zur Quadratwurzel ihrer Bevölkerungszahl bestimmt werden. Deutschland hat 82 Millionen Einwohner, Polen nur 38 Millionen. Gemäß dieser Proportion müsste Deutschland mehr als doppelt so viele Sitze wie Polen erhalten. Wenn man zu den Quadratwurzeln überginge, wäre das Verhältnis nur etwa 9000 zu 6100, also hätte Deutschland lediglich 47 % mehr Stimmenanteil als Polen.

Hier gilt allerdings: Die Mathematik kann keine Gerechtigkeit schaffen. Wenn man jedoch weiß, was man möchte – und dies auch formuliert –, dann kann die Mathematik die richtigen Modelle liefern.

52
Kann man jede Gleichung lösen?

In der Nacht zum 30. Mai 1832 saß ein junger Mann in seinem Zimmer in Paris und schrieb fieberhaft und ohne abzusetzen einen Brief an seinen Freund Auguste Chevalier. Er versuchte, alles, was er wusste, in diesen Brief hineinzuschreiben. Manches war rudimentär, manches noch unausgegoren, aber er wusste, er hatte der Welt etwas Wichtiges zu sagen. Und er wusste: Er musste es jetzt sagen.

Denn er hatte keine Zeit mehr. Im Morgengrauen des 30. Mai musste er sich einem Duell stellen, und er ahnte, dass er dieses Duell nicht überleben würde.

Der Mann hieß Evariste Galois. Er war zwanzigeinhalb Jahre alt. Seine Ideen würden die Mathematik revolutionieren. Und er würde an den Folgen des Duells sterben.

Galois' Thema waren Gleichungen, genauer, die Frage der Lösung von Gleichungen. Noch genauer, die Frage, welche Gleichungen überhaupt lösbar sind. Gleichungen wie 3x=5 konnte man schon in der Antike lösen. Das galt auch für quadratische Gleichungen, also solche, in denen ein x^2 vorkommt. Gleichungen dritten und vierten Grades sind viel anspruchsvoller, aber auch dafür hatte man Lösungsformeln gefunden.

Das große Rätsel waren Gleichungen fünften Grades, also solche, die mit x^5 beginnen.

Genau an der Stelle setzten die Überlegungen von Galois ein. Er war ein politischer, aber noch viel mehr ein mathematischer Revolutionär. Er zog die Möglichkeit in Betracht, dass eine Gleichung auch unlösbar sein konnte. Damit betrat er eine neue Welt. Tatsächlich zeigte sich, dass es nicht für alle Gleichungen fünften und höheren Grades eine Lösungsformel gibt, genauer, dass die «allgemeine Gleichung» fünften Grades nicht auflösbar ist. Um das zu sehen, musste er kühne Zusammenhänge zwischen Gleichungen, ihren Nullstellen und abstrakten algebraischen Strukturen, den sogenannten Gruppen, erkennen.

Dies waren die neuen, revolutionären Gedanken, die Galois in der Nacht zum 30. Mai 1832 in Worte zu fassen versuchte. Nie hat ein Mathematiker verzweifelter gegen die unbarmherzig verrinnende Zeit gearbeitet. Er wusste: Was er jetzt nicht zu Papier bringt, ist für die Nachwelt verloren.

53
Was sind transzendente Zahlen?

Viele Zahlen kann man durch eine Gleichung beschreiben. Bei den ganzen Zahlen ist das langweilig; man schreibt einfach x=5. Interessanter wird es bei den Brüchen: Die Gleichung 3x=2 hat als Lösung die Zahl $2/3$. Aber auch irrationale Zahlen, zum Beispiel Wurzeln, lassen sich durch eine Gleichung beschreiben: Wurzel 2 ist Lösung der Gleichung $x^2=2$. Auch die dritte Wurzel aus 5 ist Lösung einer Gleichung, nämlich von $x^3=5$. Umgekehrt könnte man irgendeine Gleichung aufschreiben, wie etwa $x^4+7x^3-2x^2+9=0$, und diese lösen, das heißt die Zahlen suchen, die Lösungen dieser Gleichung sind.

So erhält man viele Zahlen. Auf den ersten Blick unübersehbar viele. Aber nicht alle. Die Zahlen, die Lösung einer Gleichung sind, nennt man «algebraische» Zahlen, eben weil sie durch eine algebraische Gleichung beschrieben werden können.

Bei manchen Zahlen hatte man Schwierigkeiten, eine Gleichung zu finden, etwa bei der Kreiszahl π. Lange Zeit war der Status dieser Zahl, die so einfach mit 3,14 beginnt, unklar. Man wusste nicht: Sind wir Menschen nur zu beschränkt, eine Gleichung für π zu finden, oder gibt es wirklich keine Gleichung für π? Inzwischen hatte man auch einen Namen für die Zahlen gefunden, die nicht algebraisch sind, die sich also nicht durch eine Gleichung beschreiben lassen: Man nennt solche Zahlen «transzendent». Wörtlich heißt das «übersteigend», eben weil sie die Gleichungen übersteigen – und vielleicht auch unsere Vorstellung. Die Frage war also: Ist π algebraisch oder transzendent? Der deutsche Mathematiker Ferdinand von Lindemann gab 1882 eine klare Antwort: π ist transzendent. Es gibt tatsächlich keine Gleichung mit rationalen Koeffizienten, die π als Nullstelle hat.

Es ist bis heute schwierig, die Transzendenz bestimmter Zahlen wie π oder e nachzuweisen. Allerdings hatte Georg Cantor, der Begründer der Mengenlehre, schon 1877 mit einem kleinen, aber teuflischen Trick bewiesen, dass es unendlich viele transzendente Zahlen gibt.

Zufall

54
Wie hat die Wahrscheinlichkeitsrechnung begonnen?

Glücksspiele waren schon immer populär. Bereits aus der Antike sind wunderschöne Darstellungen von Würfelspielen bekannt. Oft wurde um Geld gespielt, und oft entspann sich über Gewinn und Verlust ein heftiger Streit.

Im 17. Jahrhundert kam folgende Frage auf: Wenn ein Spiel aus mehreren Runden besteht, das Spiel aber vorzeitig abgebrochen wird, wie werden dann die Einsätze verteilt? Die Frage stellte Antoine Gombaud, genannt Chevalier de Méré, im Jahr 1654, und er geriet dabei an den Richtigen, nämlich an Blaise Pascal (1623–1662), der in einem berühmten Briefwechsel mit Pierre de Fermat diese Frage erörterte und dabei die Grundlagen der Wahrscheinlichkeitsrechnung schuf.

Der Chevalier de Méré hatte eine komplizierte Frage gestellt, aber das Entscheidende kann man schon an einer vereinfachten Situation erkennen. Angenommen, das Spiel besteht darin, dass zwei Personen gegeneinander spielen und in jeder Runde eine Münze werfen. Wenn die Münze Kopf zeigt, gewinnt A die jeweilige Runde, wenn Zahl oben liegt, gewinnt B. Insgesamt gewonnen hat derjenige, der als Erster zwei Runden für sich entschieden hat.

Aus irgendeinem Grunde, der für die Mathematik völlig unerheblich ist, wird das Spiel beim Stand von 1:0 für A abgebrochen. Die Frage des Chevaliers lautete: Wie muss der Einsatz, zu dem beide Spieler den gleichen Beitrag geleistet haben, jetzt verteilt werden?

A sagt natürlich: «Ich habe bis jetzt alles gewonnen, also gehört auch alles mir», und will nach dem Geld greifen. Da fährt ihm B in die Parade: «Das Spiel ist nicht zu Ende gespielt; also behält jeder seinen Einsatz.»

Pascal hat erkannt, dass beide falsch argumentieren. Sein entscheidender Gedanke war, dass es nicht nur darauf ankommt, welche Ergebnisse bisher erzielt wurden, sondern auch, welche Ergebnisse in Zukunft erzielt würden. Er argumentiert so: Angenommen, die beiden würden weiterspielen. In der nächsten Runde könnte die Münze Kopf oder Zahl zeigen; wenn Kopf oben ist, hat A gewonnen, weil er zwei Runden für sich entschieden hat; andernfalls steht es 1:1. In diesem letzten Fall würde eine dritte Runde gespielt; wenn jetzt Kopf oben liegt, hat A gewonnen, sonst B.

Was bedeutet dies jetzt für die Verteilung des Einsatzes? Wir nehmen an, dass es sich um eine faire Münze handelt, also eine, die langfristig in der Hälfte der Fälle Kopf und in der anderen Hälfte Zahl zeigt. Dann gewinnt A in der 2. Runde in der Hälfte der Fälle. In der anderen Hälfte der Fälle käme es zur dritten Runde, und wieder hat A eine 50%ige Chance, er gewinnt also auch in der 3. Runde in der Hälfte der verbliebenen Fälle. Das sind 25% aller Fälle. Also gewinnt A in insgesamt 75% der Fälle. Die richtige Verteilung des Einsatzes ist also: 75% für A, 25% für B.

Heute tun wir uns leicht mit einer solchen Analyse, aber damals bedeutete dies eine Revolution. Denn es war «klar», dass die Menschen keine Kenntnis über die Zukunft haben: Die Zukunft liegt in Gottes Hand, ist Schicksal oder einfach

Glück. Pascal und Fermat haben an dem an sich unwichtigen Beispiel des Glücksspiels klargemacht, dass wir sehr wohl die Möglichkeiten erfassen können, die die Zukunft für uns bereithält, und diese sogar mit Wahrscheinlichkeiten bewerten können. Damit kann man in der Tat vorhersagen, was mehr oder was weniger wahrscheinlich ist.

55
Wenn ich zehnmal würfle, habe ich dann garantiert eine Sechs?

Ich weiß nicht, wie es Ihnen geht. Wenn ich beim «Mensch ärgere dich nicht» unbedingt eine Sechs brauche, dann kommt keine. Andere Zahlen zuhauf, aber keine Sechs. Nach einigen Würfen denke ich: «Jetzt müsste eigentlich wieder mal eine Sechs kommen. Nach einer so langen Serie ohne Sechs müsste doch endlich die Sechs an der Reihe sein!»

Alles falsch! Wie immer der Würfel aussieht, aus welchem Material er besteht, wie kunstvoll er gefertigt ist – er ist strohdumm und hat insbesondere kein Gedächtnis. Wir erinnern uns an die vergangenen Fehlwürfe. Der *Würfel* erinnert sich kein bisschen daran, was er bisher gemacht hat. Bei jedem Wurf hat man die gleiche Chance, eine Sechs zu würfeln!

Sie können dazu ein Experiment machen – mit einem Würfel häufig würfeln und die Ergebnisse aufschreiben. Sie werden denken, dass sich die Häufigkeiten, mit der eine Eins, eine Zwei usw. gewürfelt werden, einander angleichen müssten. Langfristig gesehen, müssten die Anzahlen der jeweiligen Würfe gleich werden und die Differenzen dazwischen verschwinden.

Auch das aber ist eine vollkommen falsche Vorstellung. Die Differenzen verschwinden nicht. Wenn eine Würfelzahl mal vorne ist, dann bleibt sie noch lange vorne. Die Erklärung ist offensichtlich: Der Würfel produziert seine Ergebnisse unabhängig davon, was vorher war. Wenn eine der Anzahlen mal vorne liegt, dann ist das seine neue Ausgangsbasis.

Nicht die Differenzen verschwinden, sondern die relativen Häufigkeiten gleichen sich an. Langfristig wird es so sein, dass sich die Anzahl der Sechsen pro Gesamtzahl der Würfe stabilisiert. Bei einem «fairen» Würfel ist dieses Verhältnis ein Sechstel. Das ist geometrisch klar: Ein perfekt gebauter Würfel hat eine hohe Symmetrie, alle Seiten sind gleichberechtigt, daher liegt jede Seite im gleichen Anteil aller Fälle oben. Da es sechs Seiten gibt, ist dieser Anteil ein Sechstel.

Von hier aus ist es nur ein kleiner, aber entscheidender Schritt zur Modellierung des Würfels mit Wahrscheinlichkeiten. Wir sagen, dass ein fairer Würfel zu einem Zufallsexperiment gehört, bei dem jede der Zahlen 1, ..., 6 mit Wahrscheinlichkeit $1/6$ vorkommt. Das ist ein Übergang von empirisch erfassbaren Häufigkeiten zu Wahrscheinlichkeiten, mit denen man wunderbar rechnen kann. Ein Sprung von der realen Welt der Würfel in die Welt der Mathematik des idealen («fairen») Würfels.

Die Wahrscheinlichkeit für eine Sechs ist $1/6$, also etwa 16,7 %, die Wahrscheinlichkeit für keine Sechs demnach $5/6$. Da zwei aufeinanderfolgende Würfe voneinander unabhängig sind, ist die Wahrscheinlichkeit, in zwei Würfen keine Sechs zu haben, gleich $5/6 \times 5/6$. Die Wahrscheinlichkeit, in zehn aufeinanderfolgenden Würfen keine Sechs zu haben, ist also $(5/6)^{10}=0,16$. Das heißt, in 16 % aller Fälle bekommt man auch bei zehn Würfen keine Sechs. Umgekehrt bedeutet dies: In 84 % aller Fälle ist unter zehn Würfen mindestens eine Sechs.

Die Tatsache, dass sich die relativen Häufigkeiten stabilisieren, spiegelt sich in der Mathematik im «Gesetz der großen

Zahlen» wider. Auch ein mathematisch perfekter Würfel liefert nicht nach sechzig Würfen genau zehn Einsen, zehn Zweien usw. Und auch von 6 Millionen Würfen waren nicht genau 1 Million Einsen, 1 Million Zweien usw. Allerdings nähern sich die Verhältnisse der tatsächlichen Einsen relativ zur Gesamtzahl der Würfe immer mehr einem Sechstel. Genauer gesagt, wird die Wahrscheinlichkeit für «Ausreißer», das heißt größere Abweichungen vom richtigen Verhältnis, mit wachsender Anzahl der Versuche immer kleiner.

56
Wie groß ist die Chance, einen Sechser im Lotto zu tippen?

Die Aufgabe ist einfach: Sie müssen die Kreuzchen auf Ihrem Tippzettel so machen, dass diese genau die am Samstag (bzw. Mittwoch) gezogenen Zahlen sind. Die gezogenen sechs Zahlen bilden eine beliebige Teilmenge mit 6 Elementen der Zahlen 1, 2, 3, …, 49. Die Frage ist also: Wie viele solche Teilmengen gibt es?

Zunächst berechnen wir die Anzahl der Möglichkeiten für eine Ziehung: Die erste Kugel ist eine aus 49; für diese kommen 49 Möglichkeiten in Frage. Für die zweite Kugel gibt es nur noch 48 Möglichkeiten, weil ja eine Kugel schon gezogen wurde. Für die dritte Kugel bleiben noch 47 Möglichkeiten, für die vierte 46, für die fünfte 45 und für die sechste Kugel noch 44 Möglichkeiten. Insgesamt sind dies 49×48×47×46×45×44 Möglichkeiten.

Bevor wir diese Zahl ausrechnen, halten wir noch einen Moment inne. Bis jetzt haben wir die Anzahl der Möglichkeiten berechnet, mit denen sechs Kugeln in den durchsichtigen Röhrchen landen. Dies sind die Gewinnzahlen in der Reihenfolge, wie sie gezogen werden und sie jeder süchtige Spieler sofort notiert. Das könnte zum Beispiel die Kombination 19–34–9–41–38–32 sein.

Anschließend werden die Zahlen der Größe nach geordnet, weil es ja nur auf die Zahlen und nicht auf die Reihenfolge des Ziehens ankommt. Die endgültige Tippreihe ist also 9–19–32–34–38–41. Mit anderen Worten: Alle möglichen Reihenfolgen der Zahlen 9, 19, 32, 34, 38, 41 werden identifiziert. Wie viele solche Möglichkeiten gibt es? Das kann man sich so ähnlich wie oben überlegen: Jede der sechs Zahlen kann an der ersten Stelle sein; also gibt es für die erste Stelle 6 Möglichkeiten. Für die zweite Stelle gibt es noch 5 Möglichkeiten, weil ja eine Zahl schon verbraucht ist. Für die dritte Stelle bleiben noch 4 Möglichkeiten, für die vierte 3, für die fünfte 2 und die letzte Zahl, die noch übrig ist, kommt dann auf die letzte Stelle. Also gibt es 6×5×4×3×2×1 verschiedene Anordnungen, die alle zu derselben Tippreihe führen.

Nun führen wir beide Überlegungen zusammen: Die Anzahl aller möglichen Tippreihen ist 49×48×47×46×45×44 geteilt durch 6×5×4×3×2×1. Wenn man das ausrechnet, ergibt sich als Anzahl aller Tippreihen die Zahl 13 983 816. Also knapp 14 Millionen Tippreihen, und nur wenn Sie die eine richtige tippen, haben Sie «sechs Richtige».

Die Wahrscheinlichkeit, die sechs Gewinnzahlen richtig vorherzuraten, ist 1 geteilt durch knapp 14 Millionen. Das ist 0,00000007. Anders gesagt: Nur in 0,000007 % (in Worten: null Komma null null null null null sieben Prozent) aller Fälle gewinnen Sie!

Damit ist klar: Man kann Spaß haben am Lottospielen, aber zum Geldverdienen taugt es absolut nicht.

57
Wie groß ist die Wahrscheinlichkeit, dass zwei Menschen am gleichen Tag Geburtstag haben?

Geburtstag zu haben ist schön. Wenn zwei Menschen am gleichen Tag Geburtstag feiern können, ist es noch schöner. Denn wir glauben, dies sei ein ganz seltenes Ereignis. Ist es aber nicht. Das Geburtstagsparadox besagt, dass es sich schon ab 23 Personen lohnt, darauf zu wetten, dass zwei von ihnen am gleichen Tag Geburtstag haben. Und bei 40 Personen können Sie fast sicher sein, dass Sie die Wette gewinnen!

Natürlich nicht hundertprozentig sicher. Es kann sein, dass von 40 Menschen alle an verschiedenen Tagen des Jahres Geburtstag haben. Erst bei 367 Personen sind Sie absolut sicher, dass zwei am gleichen Tag Geburtstag haben. Das ist im Gegensatz zum Geburtstagsparadoxon allerdings nicht überraschend.

Um die Aussage des Geburtstagsparadoxons einzusehen, stellen wir uns eine gewisse Anzahl von Menschen vor. Um zu berechnen, wie wahrscheinlich es ist, dass zwei von ihnen am gleichen Tag Geburtstag haben, kann man auch das genaue Gegenteil ausrechnen, nämlich wie wahrscheinlich es ist, dass alle an unterschiedlichen Tagen Geburtstag haben. Das geht nämlich viel einfacher.

Die erste Person hat an irgendeinem Tag des Jahres Geburtstag. Die zweite könnte auch an diesem Tag Geburtstag haben, aber mit sehr großer Wahrscheinlichkeit, nämlich in 364/365 aller Fälle, hat die zweite Person nicht am gleichen Tag Geburtstag (wir lassen hier das Sonderphänomen des Schaltjahres weg). Die dritte Person hat in 363/365 aller Fälle nicht mit einer der ersten beiden am gleichen Tag Geburtstag. Die Wahrscheinlichkeit, dass drei Personen nicht am gleichen Tag Geburtstag haben, ist also 364/365 mal

363/365. Und so geht es weiter. Bei 23 Personen muss man die Zahlen 364/365 bis 343/365 miteinander multiplizieren. Wenn man das macht, kommt eine Zahl heraus, die ein bisschen kleiner als 0,5 ist.

Das heißt, die Gegenwahrscheinlichkeit, dass irgendwelche zwei dieser Personen am gleichen Tag Geburtstag feiern können, ist größer als 0,5.

Übrigens: Bei 40 Personen beträgt die Wahrscheinlichkeit, dass zwei am gleichen Tag Geburtstag haben, schon fast 90 %!

Dies ist ein allgemeines Phänomen: Wenn man viele voneinander unabhängige Versuche macht, erscheint überraschend bald eine erste Koinzidenz.

Sie können das beim Würfeln beobachten: Wenn Sie mit einem Würfel immer wieder würfeln, wird sehr bald eine Zahl das zweite Mal fallen: Dass bei vier Würfen auch vier unterschiedliche Zahlen fallen, hat nämlich nur eine Wahrscheinlichkeit von ⁵⁄₆ mal ⁴⁄₆ mal ³⁄₆, und das ist nur knapp 0,28. Dies bedeutet, dass in über 72 % aller Fälle bei vier Würfen zwei gleiche Zahlen vorkommen.

58
Was ist das Ziegenproblem?

Stellen Sie sich vor, Sie sind als Kandidat in einer Show bis in die letzte Runde vorgedrungen. Sie befinden sich vor drei gleich aussehenden Türen, und Sie wissen, dass sich hinter einer davon ein schickes Auto verbirgt, hinter den beiden anderen aber nur jeweils eine Ziege (die Niete) steht. Sie zeigen auf eine Tür, aber bevor Sie diese öffnen können, gebietet Ihnen der Moderator Einhalt. Er sagt: «Ich helfe Ihnen», und öffnet eine andere Tür, hinter der eine Ziege steht. Dann fragt er mit Unschuldsmine: «Möchten Sie bei Ihrer Entscheidung bleiben, oder wollen Sie die andere Tür wählen?»

Zunächst hat man das Gefühl, dass der Moderator nichts verstanden hat, denn noch sind zwei Türen geschlossen, und hinter einer befindet sich das Auto, hinter der anderen eine Niete. Also, so sagt einem das Gefühl, fifty-fifty.

Bei der rationalen Beantwortung dieser Frage kann Ihnen die Mathematik helfen. Und diese rät Ihnen: Sie sollten Ihre Entscheidung ändern, denn damit verdoppeln sich Ihre Gewinnchancen!

Ich weiß: eine skandalöse Antwort. Dennoch ist sie richtig. Wenn Sie bei Ihrer Erstentscheidung bleiben, gewinnen Sie mit der Wahrscheinlichkeit $1/3$, aber wenn Sie Ihre Entscheidung revidieren, mit der Wahrscheinlichkeit $2/3$.

Die Antwort ist nicht nur richtig, sondern sie lässt sich auch nachvollziehen. Am einfachsten stellen wir uns dazu zwei Personen vor, von denen die erste (N) nie wechselt, die zweite (W) stets der Suggestion des Moderators folgt und wechselt.

N wählt zunächst eine der drei Türen. Mit Wahrscheinlichkeit $1/3$ hat N die Tür mit dem Auto dahinter gewählt und bleibt bei dieser Entscheidung. Alles, was später folgt, beeinflusst diese Entscheidung nicht mehr. Insbesondere ändert sich die Wahrscheinlichkeit nicht. N gewinnt das Auto mit Wahrscheinlichkeit $1/3$.

Nun zur zweiten Person, W: Auch bei ihr ist nach der ersten Wahl alles festgelegt. Denn danach öffnet der Moderator eine Tür, und W wählt die als letzte verbliebene Tür. Das bedeutet: Wenn W zufällig (mit Wahrscheinlichkeit $1/3$) beim ersten Mal die Tür mit dem Auto gewählt hat, wechselt er zu der anderen Ziegentür und hat verloren. Hat er aber eine Ziegentür gewählt (Wahrscheinlichkeit $2/3$), dann öffnet der Moderator die andere Ziegentür, und W wechselt zwangsläufig zur Autotür!

Also gewinnt man mit der Wechselstrategie mit Wahrscheinlichkeit ²/₃, während man sonst nur die Gewinnwahrscheinlichkeit ¹/₃ hat.

Diese Sache ist außerordentlich verblüffend. Viele Menschen sehen die Lösung nicht, weil sie glauben, dass bei zwei Möglichkeiten die Chancen fifty-fifty stehen und es daher völlig egal sei, ob man wechselt oder nicht.

Es ist aber so, dass die Chancen nicht fifty-fifty sind, sondern davon abhängen, ob die zunächst gewählte Tür eine Ziegentür oder die mit dem Auto war.

59
Wie zählt man Fische, ohne sie zu fangen?

Wenn man die Anzahl der Fische in einem Teich bestimmen möchte, kann man sie alle fangen und zählen. Theoretisch.

Wenn man mit einer Schätzung zufrieden ist, geht es auch wesentlich einfacher. Zwar nicht ganz, ohne Fische zu fangen. Aber fast.

Man fängt eine bestimmte Anzahl von Fischen, markiert diese und setzt sie wieder aus. Markiert werden die Fische, indem man eine Plastikmarke an einer Flosse anbringt oder ihnen einen elektronischen Transponder implantiert. Dann wartet man eine Zeit lang, bis sich die Fische wieder gut vermischt haben. Anschließend fängt man erneut eine gewisse Anzahl von Fischen. Unter diesen sind einige markierte. Angenommen, 5% der jetzt gefangenen Fische sind markiert. Da sich die Fische gut vermischt haben, kann man davon ausgehen, dass auch 5% aller Fische im Teich markiert sind. Daraus lässt sich jetzt leicht die Anzahl aller Fische bestimmen. Wurden zum Beispiel 100 Fische markiert, dann bilden diese 100 Fische 5 % der Gesamtpopulation. Also leben insgesamt 100×20=2000 Fische im Teich.

Diese Methode, die auf Englisch «mark and recapture» heißt (Markieren und Wiederfangen), kann auch in anderen Situationen angewendet werden. Im Prinzip muss man nur zwei Stichproben in einem gewissen zeitlichen Abstand erheben. Wenn man zum Beispiel die Anzahl der Drogenabhängigen in einer Stadt bestimmen möchte, könnte die erste Stichprobe aus den Klienten einer Drogenberatungsstelle, die zweite aus den bei einer Razzia aufgegriffenen Personen bestehen. Die Personen der ersten Stichprobe müssten durch einen eindeutigen Code «markiert» werden; das kann eine Kombination von Initialen, Postleitzahl, Geburtsdatum und so weiter sein. Aus dem Anteil der «markierten» Personen in der zweiten Stichprobe kann man auf die Gesamtzahl schließen.

Natürlich würde man in diesem Beispiel die Markierung in anonymisierter Weise durchführen, das ist aber ein anderes Problem.

Infinitesimal

60
Wann holt Achilles die Schildkröte ein?

Das ist die richtige Frage. Die Frage «Holt Achilles die Schildkröte überhaupt ein?» führt aufs Glatteis, und wenn man sagt «Achilles kann die Schildkröte nie einholen», dann befindet man sich schon mitten auf dem Glatteis.

Aber langsam! Die Geschichte wurde vom Lügenbaron der Antike, dem Philosophen Zenon von Elea (490–430 v. Chr.), erfunden. Die Griechen waren mindestens so sportbegeistert wie wir, auch zwischen den Olympischen Spielen fanden viele Wettkämpfe statt. In dieser Geschichte geht es um einen Laufwettbewerb, der in einer Art K.-o.-System ausgetragen wird. Jeweils zwei Läufer treten gegeneinander an, der Gewinner kommt weiter, der Verlierer ist draußen. Der Superstar, der den Gesamtwettbewerb voraussichtlich überlegen gewinnen wird, ist Achilles. Die Schildkröte ist demgegenüber der langsamste Teilnehmer, gegen den jeder gerne in der ersten Runde laufen würde.

Nun will es das Los, dass in der ersten Runde die Schildkröte gegen Achilles antreten muss. Sie weiß, wenn sie erst mal laufen, ist sie verloren. Ihre einzige Chance ist, Achilles in ein Gespräch zu verwickeln. Sie fragt ihn also mit Unschuldsmiene: «Du bist ein so schneller Läufer, du gibst mir doch bestimmt einen kleinen Vorsprung?» «So viel du willst», antwortet Achilles großzügig, «von mir aus 100 Meter», und fügt hinzu: «Die hab ich in null Komma nichts aufgeholt!» Die Schildkröte erwidert nur: «Wir überlegen mal, was passiert. Auf Los rennen wir beide los, und du erreichst schnell meinen Startpunkt. Aber ich bin ja auch losgelaufen. Nicht so schnell wie du, ich bin nur 10 Meter weit gekommen.» «Gut, aber das schaff ich in einem Augenblick!» «Wenn du da bist, wo ich gerade war, bin ich ein Stückchen weiter, nur einen Meter, aber das reicht mir.» Jetzt kapiert Achilles, worauf er sich eingelassen hat: «Wenn ich den Punkt erreiche, wo du gerade warst, dann bist du schon wieder ein Stückchen weiter? Also werde ich dich nie einholen können?!»

Die Auflösung dieses Paradoxons ist aus heutiger Sicht nicht besonders schwierig: Im Grunde konstruieren beide einen Punkt, nämlich 111,11... Meter, an dem Achilles die Schildkröte überholen wird. Die Schildkröte versteht es wie ein Magier, die Aufmerksamkeit von Achilles (und uns) in die falsche Richtung zu lenken: Wir starren gebannt auf die unendlich vielen Stellen der Zahl «111,11...», die nie an ein Ende kommen – und übersehen dabei, dass auch eine solche Zahl endlich ist und einen eindeutigen Punkt auf der Zahlengeraden beziehungsweise auf der Rennbahn darstellt.

61
Ist 0,999...=1?

Ich bin überzeugt: Wenn man diese Frage durch eine Abstimmung klären wollte, dann würde die Mehrheit dafür stimmen, dass 0,999... kleiner als 1 ist. «Denn», so würde ein typischer Mehrheitsvertreter argumentieren, «auch wenn ich noch so viele Neunen hinschreibe, bleibt die Zahl immer noch kleiner als 1.» Die Mehrheit hätte in diesem Fall aber nicht recht. Denn tatsächlich ist 0,999... *gleich* 1.

Will man herausbekommen, was nun wirklich richtig ist,

muss man vor allem wissen, was der Ausdruck 0,999... überhaupt bedeutet. Man schreibt dafür oft auch 0,$\bar{9}$ und spricht dies «Null-Komma-neun-Periode» aus. Das ist eine Zahl. Aber nicht die Zahl 0,9, auch nicht 0,99 und auch nicht die Zahl 0,9999999999.

Der Schlüssel zum Verständnis ist die Erkenntnis, dass man bei dem Ausdruck 0,999... an eine Zahlen*folge* denken soll, und zwar an die Folge der Zahlen

$$0{,}9 \quad 0{,}99 \quad 0{,}999 \quad 0{,}9999 \quad 0{,}99999 \ ...$$

Die drei Pünktchen bedeuten: Wir wissen, wie die Folge weitergeht. Die nächste Zahl ist 0,999999 und die übernächste 0,9999999. Wir können sogar die tausendste Zahl dieser Folge hinschreiben: null, Komma und dann 1000 Neunen.

Die Zahlen dieser Folge sind alle kleiner als 1, sie nähern sich der Zahl 1 aber beliebig nahe an. Der Abstand zu 1 wird immer kleiner. Kleiner als ein Tausendstel, kleiner als ein Millionstel, kleiner als ein Trillionstel. Genauer: Der Abstand wird kleiner als jede Zahl, die wir uns ausdenken können. Und alle folgenden Zahlen haben einen noch kleineren Abstand zu 1.

Man sagt dazu, die Folge *konvergiert* gegen 1. Anders ausgedrückt: 1 ist der *Grenzwert* der Folge. Und unter 0,999... (bzw. 0,$\bar{9}$) versteht man tatsächlich den *Grenzwert* der Folge. Das heißt, dass wirklich 0,999...=1 ist; denn dies ist nur die formelmäßige Codierung der Aussage «Obige Folge konvergiert gegen 1».

Mathematiker finden Ausdrücke wie 0,999... eigentlich uninteressant, denn sie kennen die entsprechende Zahl ja schon. Tatsächlich ist es aber so, dass man die allermeisten reellen Zahlen nur als Grenzwert einer Folge definieren kann. Ein berühmtes Beispiel ist die *Euler'sche Zahl* e, die

Basis des natürlichen Logarithmus. Diese ist der Grenzwert der Folge 2, $(3/2)^2$, $(4/3)^3$, $(5/4)^4$, $(6/5)^5$, ..., allgemein $((n+1)/n)^n$.

Wenn man das ausrechnet, sieht man, dass e ungefähr gleich 2,718 ist.

62
Kann man unendlich viele Zahlen addieren?

Erste, klare Antwort: Nein! Alles, was wir Menschen machen, kann nur eine endliche Zeit dauern. Das gilt auch für die Mathematik. Kein Mensch, und auch kein Computer, kann unendlich viele Additionen ausführen.

Meistens ist die Frage ohnedies sinnlos: Was soll 1+1+1+... sein? Dabei kommt bestimmt keine Zahl heraus, denn wenn man genügend viele Einsen addiert, übertrifft man jede Zahl. Man könnte natürlich schreiben 1+1+1+...=∞, aber das wäre keine Erkenntnis, sondern würde nur bedeuten, dass der Ausdruck 1+1+1+... sinnlos ist.

Verführerischer wird die Frage, wenn die Summanden immer kleiner werden:
$1/2 + 1/4 + 1/8 + 1/16 + ...$

Natürlich lassen sich auch diese angedeuteten Additionen nicht alle ausführen, aber man kann einen Ersatz dafür finden. Die Idee ist, die angeblich unendliche Summe Schritt für Schritt auszurechnen. Dazu bestimmt man die «Teilsummen»:
$1/2$,
$1/2 + 1/4 = 3/4$,
$1/2 + 1/4 + 1/8 = 7/8$,
$1/2 + 1/4 + 1/8 + 1/16 = 15/16$,
und so weiter.

Die Teilsummen sind der Reihe nach $1/2$, $3/4$, $7/8$, $15/16$, ..., und über diese Zahlen kann man etwas aussagen: Im Nenner stehen 2, 4, 8, 16, 32 usw., und im Zähler steht jeweils eine Zahl, die um 1 kleiner als der Nenner ist. Das bedeutet zweierlei:

- Egal, wie viele Summanden man aufaddiert, die Summe ist immer kleiner als 1.
- Zu 1 fehlt auch immer weniger, es fehlt der Reihe nach $1/2$, $1/4$, $1/8$, $1/16$, $1/32$ usw. Das heißt, die Teilsummen nähern sich immer mehr der Zahl 1 an, genauer gesagt, der Unterschied zu 1 wird beliebig klein. Man sagt, dass die unendliche Summe $1/2+1/4+1/8+1/16+\ldots$ «konvergiert» und den «Grenzwert» 1 hat.

Dafür schreibt man dann $1/2+1/4+1/8+1/16+\ldots=1$.

Achtung! Diese Aussage ist nicht so zu lesen, dass sich die unendlich vielen Additionen der linken Seite nun doch ausführen lassen, vielmehr ist die «Gleichung» nur eine Abkürzung für die Aussage: «Die Reihe auf der linken Seite konvergiert, und ihr Grenzwert ist die Zahl auf der rechten Seite.»

Es gibt viele konvergente Reihen, aber auch divergente. Zum Beispiel sieht es auf den ersten Blick so aus, als ob die Reihe $1/2+1/3+1/4+1/5+1/6+\ldots$ auch konvergiert; aber das ist falsch, sie wächst nämlich über alle Grenzen.

Die Theorie der unendlichen Reihen ist erstaunlich alt. Schon Nikolaus Oresme (um 1350), der in Paris lehrte und später Bischof von Lisieux wurde, bewies Konvergenz und Divergenz von unendlichen Reihen.

Eine Blütezeit hatte die Theorie unendlicher Reihen im 17. und 18. Jahrhundert. Besonderen Widerstand bot das sogenannte Basel-Problem, an dem sich Jakob Bernoulli (1655–1705) die Zähne ausbiss. Dieses Problem fragt nach dem Grenzwert der unendlichen Reihe der reziproken Quadratzahlen. Es geht also um die Reihe

$$1+{}^1/_4+{}^1/_9+{}^1/_{16}+\ldots$$

Man kann leicht zeigen, dass diese Reihe konvergiert, aber viele Jahrzehnte war der exakte Grenzwert unbekannt. Leonhard Euler zeigte 1735 in einem wahren Geniestreich, dass die Reihe der reziproken Quadratzahlen gegen die Zahl $\pi^2/6$ konvergiert.

Das ist eine Überraschung: Wie kann eine Summe, in der nur Quadratzahlen stecken, irgendetwas mit der Kreiszahl π zu tun haben? Das ist nicht nur überraschend, vielmehr zeigt sich hier ein tiefer Zusammenhang. Dieser wird bei der Riemann'schen Zetafunktion thematisiert, die nach Bernhard Riemann (1826–1866) benannt ist und bis heute im Zentrum mathematischer Forschung steht.

63
Wie kann man Bewegung mathematisch verstehen?

Zenon von Elea (490–430 v. Chr.) hat sich nicht nur die Geschichte von Achilles und der Schildkröte ausgedacht, sondern auch «bewiesen», dass es keine Bewegung geben kann. Dieser Beweis hat die Menschen 2000 Jahre lang erheblich verwirrt. Die Behauptung ist: Ein Pfeil – damals das Schnellste, was man sich vorstellen konnte – kann nicht fliegen. Beweis: Stellen wir uns einen fliegenden Pfeil vor. Vermutlich sagte Zenon, «einen scheinbar fliegenden Pfeil». Diesen Pfeil betrachten wir in einem Augenblick, das heißt zu einem Zeitpunkt. Zu diesem Zeitpunkt kann der Pfeil nicht fliegen, denn auch der schnellste Pfeil braucht für die kürzeste Strecke eine gewisse Zeitdauer – mehr, als ihm ein

Zeitpunkt zur Verfügung stellt. Daher kann der Pfeil zu diesem Zeitpunkt nicht fliegen, also kann er zu keinem Zeitpunkt fliegen. Also fliegt er nicht.

Sie merken: Man hat zwar den Eindruck, einem gemeinen Taschenspielertrick aufgesessen zu sein – aber es ist ausgesprochen schwierig, die Schwachstelle dieser Argumentation auszumachen.

Den Knoten hat eigentlich erst Isaac Newton (1643–1727) durchschlagen. Er sieht die Situation ganz anders als Zenon. Newton schreibt:

«*Ich betrachte hier die mathematischen Größen nicht aus überaus kleinen Teilen zusammengesetzt, sondern durch eine fortwährende Bewegung erzeugt. Geraden werden nicht durch das Nebeneinandersetzen von Punkten beschrieben, sondern durch eine fortwährende Bewegung von Punkten erzeugt... Diese Erzeugungen wurzeln in der Natur und können tagtäglich in der Bewegung von Körpern gesehen werden.*»

Newtons Gedanke ist radikal: Zum Zustand eines sich bewegenden Objekts gehört nicht nur sein Ort, sondern auch seine Geschwindigkeit, also Richtung und Stärke seiner Bewegung. Es reicht also nicht, viele Fotos zu machen, die jeweils den Ort in einem Moment beschreiben, sondern zu jedem Ort gehört auch die Momentanbewegung.

Auch in einem Punkt ist Bewegung angelegt. Zu keinem Zeitpunkt steht das sich bewegende Objekt still, sondern es hat eine Momentanbewegung. Dieser Gedanke ist philosophisch anstrengend, aber anschaulich klar: Ein fliegender Pfeil hat in jedem Zeitpunkt eine Geschwindigkeit: eine Bewegungsrichtung und eine Bewegungsintensität. Für den Physiker Newton ist das selbstverständlich: Das kann «... tagtäglich in der Bewegung von Körpern gesehen werden».

Man kann die Bewegung in einem Punkt annäherungsweise bestimmen. Dazu bestimmt man zunächst die Durchschnittsgeschwindigkeit, die der Pfeil braucht, um von einem Punkt A zu einem anderen Punkt B zu kommen. Voraussetzung dafür ist, dass man den Abstand der Punkte und die Zeitdauer kennt, die der Pfeil braucht, um von A nach B zu kommen. Abstand durch Zeitdifferenz ergibt die Geschwindigkeit. Um die Momentangeschwindigkeit im Punkt A zu erhalten, lässt man den Punkt B immer näher an A herankommen. Man berechnet jeweils die Durchschnittsgeschwindigkeit für die immer kleiner werdenden Strecken. Der Grenzwert dieser Durchschnittsgeschwindigkeiten ergibt die Momentangeschwindigkeit im Punkt A.

Leibniz und Newton haben diesen Gedanken auch mathematisch präzise gefasst und kamen so zu der Erkenntnis, dass die Geschwindigkeit die Ableitung der Ortskurve ist.

64
Was ist die Exponentialfunktion?

Ein Bakterium ist winzig, es ist etwa 1 Mikrometer lang. Das heißt, man müsste eine Million Bakterien aneinanderreihen, um auf einen Meter zu kommen. Bakterien sind so klein, dass man sie nur unter dem Mikroskop sehen kann. Ihre Power besteht darin, wie sie sich vermehren. Das tun sie absolut unkompliziert und sehr vorhersehbar: Alle 20 Minuten werden aus einem Bakterium zwei. Diese beiden identischen Kopien verdoppeln sich nach 20 Minuten wieder. Dann sind es schon vier, und nach weiteren 20 Minuten, also nach einer Stunde, sind aus dem einen Bakterium schon acht geworden. Und das setzt sich so fort. Nach zwei Stunden sind es 64, nach drei Stunden 512, und dann nimmt der Prozess allmählich Fahrt auf: nach vier Stunden sind es etwa 4000, nach sechs Stunden eine Viertelmillion, nach zehn Stunden eine Milliarde und nach 24 Stunden knapp 5 Trilliarden (eine 5 mit 21 Nullen) – und ein paar Stunden später wäre die gesamte Erdoberfläche von diesen Bakterien bedeckt.

Bevor uns die Worte ausgehen, ist es sinnvoll, dafür eine mathematische Notation einzuführen. Alle 20 Minuten verdoppelt sich die Anzahl der Bakterien, also leben nach x Takten von je 20 Minuten genau 2^x Bakterien (um 2^x auszurechnen, muss man die Zahl 2 genau x-mal mit sich selbst multiplizieren).

Es gibt viele solche exponentiell verlaufenden Prozesse: Die meisten Wachstumsprozesse der Natur haben exponentielles Wachstum – mit dramatischen Folgen, wenn diese ungebremst ablaufen würden. Zu diesen Prozessen gehört übrigens auch die Zunahme der Weltbevölkerung.

Die Akkumulation von Kapital (beziehungsweise Schulden) durch Zins- und Zinseszins ist eine Exponentialfunktion, genauso wie die Anzahl der Kettenbriefe oder die der Reiskörner auf einem Schachbrett.

Wenn man bei dem Ausdruck 2^x für x nicht nur ganze Zahlen zulässt, sondern alle reellen Zahlen, dann erhält man eine Funktion, die sogenannte Exponentialfunktion. Exponentialfunktionen unterscheiden sich nur durch ihre «Basis». Man kann statt 2^x auch 10^x oder e^x schreiben (wobei e=2,718281828459... die Euler'sche Zahl ist) oder allgemein b^x. All diese Funktionen verhalten sich im Grunde gleich. Zu Beginn spüren wir mit unseren menschlichen Wahrnehmungsmöglichkeiten fast nichts, wir halten die Funktion für im Grunde harmlos. Wenn wir Menschen die Dramatik bemerken, ist es meist schon zu spät, um das Wachstum mit «einfachen Maßnahmen» in den Griff zu bekommen. Mit mathematischen Methoden erkennt man allerdings schon zu Beginn zweifelsfrei, um welche Funktion es sich handelt.

65
Wozu sind Logarithmen gut?

Die Aufgabe 10 hoch 3 ist einfach zu lösen: Man schreibt die Zahl 10 dreimal auf, setzt Malpunkte dazwischen und rechnet das Ganze aus. Auch 10 hoch 3 mal 10 hoch 2 ist einfach: Man schreibt die Zahl 10 dreimal auf, setzt Malpunkte dazwischen – und wartet mit dem Ausrechnen. Danach kommt ein Malpunkt, und dann schreibt man die Zahl 10 noch zweimal auf und setzt einmal mehr einen Malpunkt dazwischen. Jetzt schaut man sich das Ganze an: Die Zahl 10 steht fünfmal da, jeweils mit Malpunkten dazwischen. Das ist 10 hoch 5. Potenzen ausrechnen ist immer einfach!

In einer Formel lautet die obige Überlegung: $10^3 \times 10^2 = 10^5$. Allgemein gilt 10 hoch m mal 10 hoch n gleich 10 hoch m+n; in einer Gleichung geschrieben: $10^m \times 10^n = 10^{m+n}$. Für natürliche Zahlen m und n ist das klar, aber die Formel gilt auch, wenn m und n rationale oder gar reelle Zahlen sind. Sie wurde für ganzzahlige Werte zuerst von Michael Stifel (1487–1567) beschrieben, der allgemeine Fall stammt von John Napier (1550–1617).

Die Formel $10^m \times 10^n = 10^{m+n}$ hat es in sich. Sie lässt sich so interpretieren, dass man eine Multiplikation auf eine Addition zurückführt. Multiplizieren ist schwierig, Addieren einfach. Diese Formel ist also ein Traum: Man führt etwas Schwieriges auf etwas Einfaches zurück! Links werden zwei Zahlen, nämlich 10^m und 10^n, multipliziert. Um das zu tun, muss man rechts nur die Zahlen m und n addieren.

Was aber, wenn man zwei normale Zahlen multiplizieren möchte, das heißt Zahlen, die nicht als Zehnerpotenzen gegeben sind, zum Beispiel 17 und 13,8. Um das oben beschriebene Verfahren anzuwenden, muss man diese Zahlen als

Zehnerpotenzen darstellen, das heißt m und n finden, so dass $10^m=17$ und $10^n=13{,}8$ gilt. Man nennt diese Zahlen «Logarithmen». Anders gesagt, man sucht den Logarithmus von 17 und den Logarithmus von 13,8. Jeder Taschenrechner liefert umgehend das Ergebnis: m=1,23, n=1,14. Nun muss man diese Zahlen addieren, was sogar im Kopf geht: 1,23+1,14=2,37, und schließlich 10 mit der Summe potenzieren – was einfach ist: $10^{2,37}=234{,}42$. Das Rechnen mit Logarithmen bietet viele Vorteile, ist aber grundsätzlich ein Rechnen mit Näherungen. Das bedeutet, dass das Ergebnis nicht hundertprozentig richtig ist, sondern nur auf einige Stellen genau. Das sieht man auch an unserem Beispiel. Wenn man 17 mal 13,8 direkt ausrechnet, ergibt sich 234,6. Unsere Rechnung mit den Logarithmen hat also einen kleinen Fehler von etwa einem Promille.

Auch andere Aufgaben sind mit dieser Methode einfach zu lösen: Was ist die dritte Wurzel aus 17? Ganz einfach: Logarithmus von 17 bestimmen (1,23), diesen durch 3 teilen (ergibt 0,41) und dann 10 hoch 0,41 berechnen. Das ist 2,57.

Um dieses Verfahren anwenden zu können, muss man also für jede Zahl ihren Logarithmus kennen. In der Zeit vor dem Computer wurden diese in «Logarithmentafeln» erfasst. Das waren dicke Bücher, die im Grunde nur eine einzige Tabelle enthielten: Zu jeder Zahl ihren Logarithmus, und zwar möglichst genau.

Erfunden hat's ein Schweizer, nämlich der Uhrmacher Jost Bürgi (1552–1632). Es war aber John Napier, der 1614 das erste Buch über Logarithmen veröffentlichte und als «Erfinder der Logarithmen» berühmt wurde.

Die Logarithmenrechnung ist auch die Basis für den Rechenschieber, ein Instrument, mit dem es möglich ist, multiplikative Aufgaben durch Additionsverfahren, nämlich durch das Aneinandersetzen entsprechender Streckenabschnitte, zu lösen.

66
Wie viel muss man von einer Funktion wissen, um sie ganz zu kennen?

Zwei Punkte bestimmen eindeutig eine Gerade. Dies ist schon die erste Antwort auf die Frage: Bei einer linearen Funktion, also einer Funktion der Form y=mx+b, muss man nur zwei Punkte kennen, um alle unendlich vielen Punkte bestimmen zu können. Klar: Wenn man weiß, dass der Graph durch die Punkte (3 | 4) und (8 | 9) geht, braucht man nur diese Punkte in die Gleichung einzusetzen und bestimmt damit die Parameter m und b. In unserem Fall ergibt sich die Gleichung y=x+1.

Diese Überlegung kann man leicht für sogenannte «Polynome» verallgemeinern: Beispiele für Polynome sind x^2-5 oder $x^{10}+3x^2-7x$ oder $x^{1000}-x^{500}-x^{10}+x+1$. Den höchsten vorkommenden Exponenten nennt man den «Grad» des Polynoms; die angeführten Beispiele sind also Polynome vom Grad 2, 10 und 1000. In jedem Fall kann man dann den Graph der entsprechenden Gleichung, also etwa $y=x^2-5$, zeichnen. Das Erstaunliche ist, dass man bei einem Polynom vom Grad n nur n+1 Punkte des Graphs zu kennen braucht, um das Polynom eindeutig rekonstruieren zu können. Die Beweisidee ist klar: Ein Polynom vom Grad n hat insgesamt n+1 Koeffizienten; diese müssen berechnet werden. Die n+1 Punkte ergeben n+1 Gleichungen, und mit diesen lassen sich die unbekannten Koeffizienten bestimmen.

Eine viel erstaunlichere Tatsache ist folgende: Wir betrachten sogenannte «analytische» Funktionen, die eine riesige Klasse von Funktionen bilden. Solche Funktionen sind differenzierbar, und zwar nicht nur einmal oder zweimal, sondern beliebig oft. Dies klingt stark einschränkend, ist es in

Wahrheit aber nicht: Es gibt eine unübersehbare Fülle analytischer Funktionen! Sie erstrecken sich alle von minus Unendlich bis plus Unendlich. Das Erstaunliche ist: Wenn man die Funktion auch nur auf einem winzigen Stückchen kennt (für Profis: auf einem offenen Intervall), dann kennt man sie vollständig. Anders gesagt, kennt man die Funktion lediglich auf einem tausendstel Millimeter, dann weiß man alles über diese Funktion!

Anwendungen

67
Wo wird Mathematik angewandt?

Das ist die einfachste Frage dieses Buches. Denn die Antwort lautet: überall!

Zu Beginn der Mathematik ging es fast nur um Anwendungen: Die Menschen mussten zählen, einen Kalender erstellen und Land vermessen. Später musste man Währungen ineinander umrechnen, Geschossbahnen optimieren und Fluchtpunkte bestimmen. Heute ist die Mathematik eine echte Schlüsseltechnologie, ohne die es die allermeisten modernen Produkte nicht gäbe: keinen Computer, kein Internet, kein Handy.

Viele Experten sind der Meinung, dass ein wirtschaftlicher Fortschritt entscheidend davon abhängt, inwieweit in Industrie und Wirtschaft mathematische Methoden angewandt werden.

Mit mathematischen Methoden kann man:
- die nächste Sonnenfinsternis präzise vorhersagen,
- die Sitzverteilung in Parlamenten bestimmen,
- den Spielplan der Bundesliga aufstellen,
- Wahlergebnisse prognostizieren,
- optimale Fahrpläne aufstellen,
- einen Routenplan berechnen,
- Brücken bauen,
- Autokarosserien designen,

- eine Lösungsstrategie für den Rubic's Cube entwickeln,
- ausrechnen, wann es 20 Milliarden Menschen auf der Erde geben wird,
- einen Tsunami simulieren
- und so weiter.

Ohne Mathematik gäbe es:
- kein GPS,
- keine CDs,
- keinen MP3-Player,
- keinen page rank bei Google,
- keine Versicherungen,
- keine Banken,
- keine Strichcodes,
- keine eleganten Autobahnkreuze,
- keine verlässliche Wettervorhersage
- und so weiter.

Was Mathematik alles kann:
- mit Zahlen rechnen, die größer als die Anzahl der Atome im Universum sind,
- unknackbare Codes konstruieren,
- ein dreidimensionales Bild des Gehirns erzeugen,
- falsche Bilanzen von echten unterscheiden,
- Risiken von Finanzprodukten abschätzen,
- durch Spieltheorie Wirtschaftsphänomene durchschauen,
- Übertragungsfehler erkennen und korrigieren,
- saugfähige Windeln entwickeln,
- räumliche Objekte auf dem Bildschirm darstellen
- und so weiter.

68
Ist Mathematik eine Kriegswissenschaft?

Es gab – und gibt – Mathematiker, die für die Rüstungsindustrie arbeiten. Schon Archimedes (287–212 v. Chr.) soll zahlreiche Waffen, etwa Wurfmaschinen und Greifarme, entwickelt haben, um die Belagerung seiner Heimatstadt Syrakus durch die Römer zu beenden. Die Legende berichtet, er habe die feindlichen Schiffe mit Hilfe riesiger Brennspiegel in Brand gesetzt.

Ein weiteres Beispiel ist der französische Mathematiker Jean-Victor Poncelet (1788–1867). Er nahm 1812 an Napoleons Russlandfeldzug teil, wurde als vermeintlich Gefallener auf dem Schlachtfeld von Smolensk liegen gelassen und geriet dadurch in russische Kriegsgefangenschaft. Dort schuf er, völlig auf sich gestellt, die Grundlagen der modernen projektiven Geometrie. Nach seiner Rückkehr nach Frankreich machte er in Militärhochschulen Karriere und erhielt zahlreiche militärische Ehren.

Schließlich waren im Zweiten Weltkrieg viele Mathematiker – und zwar sowohl auf deutscher Seite als auch bei den Alliierten – damit beschäftigt, die Codes der jeweiligen Gegner zu knacken. Der Berühmteste unter ihnen war Alan Turing (1912–1954), der damals die theoretischen Grundlagen der Informatik legte.

Und dies ist lediglich eine Auswahl von Mathematikern, die ihre Intelligenz für militärische Zwecke eingesetzt haben. Die Frage ist aber: Haben solche Aktivitäten die Mathematik entscheidend beeinflusst?

Ich glaube nicht.

Natürlich erhielt und erhält die Mathematik Anregungen aus Anwendungen jeglicher Art. Das ist gut und wichtig.

Die Frage ist jedoch, ob sich die Mathematik dadurch in ihrem Wesen verändert, ob sie ein «böses Gesicht» zeigen kann, ob sie also anfällig für Ideologien welcher Art auch immer ist. Dazu lässt sich sehr klar feststellen: Mathematik konnte nie ideologisch vereinnahmt oder instrumentalisiert werden. Mathematik war immer erstaunlich immun gegen jede Art von Weltanschauung.

Die Versuche in den dreißiger Jahren des 20. Jahrhunderts, eine «deutsche Mathematik» im Gegensatz zu einer angeblichen «jüdischen Mathematik» aufzubauen, sind kläglich gescheitert. Nicht weil die Mathematiker das nicht wollten, sondern weil es einfach nicht funktionierte. Als «jüdisch» galt etwa die «abstrakte» Mengenlehre, während die «anschauliche» Geometrie als «typisch deutsch» angesehen wurde. Aber jeder, der auch nur anfängt, Mathematik, zum Beispiel Geometrie, zu machen, wird merken, dass diese Unterscheidung künstlich ist und in keinem Punkt durchgehalten werden kann. Das sieht man schon zu Beginn der Geometrie: Man definiert eine Gerade als eine Menge von Punkten mit gewissen Eigenschaften, und man spricht bequem von Durchschnitten, kartesischen Produkten und so weiter.

Auch im real existierenden Sozialismus war Mathematik in gewissem Sinne eine «Insel der Seligen». Jedenfalls berichten viele Mathematiker, dass die mathematische Forschung ein Lebensbereich war, der dem ideologischen Zugriff durch die Partei grundsätzlich entzogen war.

Warum ist das so? Ganz einfach: Man kann weltanschaulich noch so entschieden sein – wenn es als Mathematiker nicht klappt, hat man keine Chance. Wer nicht über einen Charakter verfügt, der einerseits Kreativität möglich macht und ihn andererseits in die Lage versetzt, die im kreativen Prozess erahnten Wege logisch stringent darzustellen, bekommt in der Wissenschaft keinen Fuß auf den Boden.

Anders gesagt, die unbarmherzige Logik der Mathematik, die manchmal als kalt und unmenschlich empfunden wird, dieses strenge Regelwerk, erweist sich gerade in schwierigen Situationen als ein Fels in der Brandung.

Also: Ja, Mathematiker haben zur Entwicklung von Waffen und militärischem Gerät beigetragen – und das geschieht auch heute noch –, aber die Mathematik selbst ist unbestechlich. Über den Einsatz der Mathematik im militärischen Bereich kann man unterschiedliche Ansichten haben, über die Unabhängigkeit der Mathematik als solche nicht.

69
Gibt es eine Formel, mit der man Ostern ausrechnen kann?

Die Antwort darauf ist Ja, und zwar hat der größte deutsche Mathematiker, Carl Friedrich Gauß (1777–1855), eine im Grunde bis heute gültige Osterformel gefunden. Der Anlass dazu war ein sehr persönlicher, denn Gauß wollte seinen Geburtstag wissen. Seine Mutter konnte ihm nur die Auskunft geben: «am Mittwoch der Woche vor Himmelfahrt» des Jahres 1777. Mit der Osterformel, die Gauß als 23-Jähriger veröffentlichte, konnte er berechnen, dass in seinem Geburtsjahr Ostern auf den 30. März fiel, somit Himmelfahrt am 8. Mai war und er daher am 30. April 1777 geboren worden war.

Wir erinnern uns: Ostern ist der erste Sonntag nach dem Frühlingsvollmond. Frühjahrsbeginn ist am 21. März. Zunächst muss man also den Zeitpunkt des ersten Vollmonds bestimmen, der am 21. März oder später liegt. Dann bestimmt man den ersten Sonntag danach. Das bedeutet, dass der früheste mögliche Osterzeitpunkt der 22. März ist. Dieses Ereignis tritt nur ein, wenn am 21. März Vollmond ist. Erst im Jahr 2285 wird Ostern am 22. März, also am theoretisch frühesten Datum, gefeiert werden.

Dass eine Osterformel kompliziert ist, ist klar. Ich möchte Ihnen aber deutlich machen, dass es überhaupt eine solche Formel geben kann.

Wenn man das Osterdatum berechnen will, muss man zwei voneinander unabhängige Phänomene berücksichtigen: den Mondzyklus und den Kalender für die Wochentage. Betrachten wir die Phänomene zunächst einzeln.

Der Mondzyklus hat genau 19 Jahre, jedenfalls fast genau. Das bedeutet: Wenn im Jahr 2010 am 30. März Vollmond ist, dann ist auch im Jahr 2010+19, also 2029, wieder am 30. März Vollmond. Man müsste also nur 19 Jahre lang die Tage von Vollmond, Neumond und den beiden Halbmonden aufschreiben, dann würde das Ergebnis für alle Zeiten gelten. Mathematisch kann man sich dies so vorstellen: Wir bestimmen die Mondphasen für die ersten 19 Jahre, also die Jahre 1 bis 19. Wollen wir dann die Mondphasen zum Beispiel für das Jahr 2010 wissen, müssen wir einfach 2010 durch 19 teilen. Dabei ergibt sich ein Rest, und dieser gibt das Jahr an, in dem die Mondphasen so sind wie im Jahr 2010. In unserem Fall ergibt sich bei Division von 2010 durch 19 der Rest 15. Also würden wir den Mondkalender aus dem Jahr 15 verwenden.

In den Kalendern der Jahre 1 bis 19 sind aber lediglich die Tage angeführt, also 1. Januar bis 31. Dezember, sowie die entsprechenden Mondphasen. Keine Wochentage.

Der Kalender mit Wochentagen hat einen Zyklus aus 28 Jahren. Das können wir uns leicht klarmachen. Dazu denken wir an die Schaltjahre. Im Jahr 2008 war der 29. Februar ein Freitag. Im nächsten Schaltjahr, also im Jahr 2012, ist der 29. Februar ein Mittwoch. Der 29. Februar rutscht von Schaltjahr zu Schaltjahr immer zwei Tage zurück. Erst nach sieben Schaltjahren, also nach 28 Jahren, fällt der 29. Februar wieder auf den gleichen Tag. Hier kommen zwei Zyklen zusammen, der 7er-Zyklus des 29. Februar und der

4-jährige Schaltjahreszyklus. Zusammen ergibt sich ein 28-jähriger Zyklus.

Interessiert man sich lediglich für die Wochentage, braucht man folglich nur 28 verschiedene Kalender. In diesen Kalendern stehen nur die Tage und die Wochentage, keine Mondphasen. Wie zuvor würde man für die Wochentage die Kalender der Jahre 1 bis 28 aufstellen und dann die interessierende Jahreszahl durch 28 dividieren; der Rest, der bei dieser Division entsteht, gibt das Jahr an. Zum Beispiel ergibt 2010 durch 28 den Rest 22. Also nehmen wir den Tageskalender des Jahres 22.

Für die Berechnung von Ostern braucht man aber beide Sorten von Kalendern: denjenigen für die Mondphasen wie auch den für die Wochentage. Der Osterzyklus hat mithin die unglaubliche Länge von 19 mal 28 gleich 532 Jahren.

70
Hat der Computer die Mathematik verändert?

Auf diese Frage gibt es zwei Antworten.

Die erste lautet Ja. Damit ist nicht nur gemeint, dass die Mathematiker über E-Mail viel besser und schneller kommunizieren können als vor 40 Jahren und dass sie mit Textverarbeitung Manuskripte viel professioneller erstellen können. Denn diese äußerlichen Verbesserungen treffen auf alle Wissenschaften zu.

Die wirkliche erste Antwort heißt: Mit dem Computer können die Mathematiker in völlig neue Dimensionen vorstoßen. Sie können sich innerhalb kurzer Zeit Beispiele ausrechnen lassen, für die man früher Wochen oder Jahre gebraucht hat. Sie können durch Visualisierung komplexe Objekte, die sie nicht einmal mit ihrem inneren Auge sehen konnten, für jedermann sichtbar machen. Sie können den Computer einsetzen, um Sätze zu beweisen!

Gerade letztere Aussage hat eine enorme Sprengkraft! Aber sie ist wahr. Die sogenannten «Computer-Algebra-Systeme» können nicht nur mit Zahlen operieren, sondern auch mit Symbolen umgehen; sie können zum Beispiel die binomische Formel auflösen und natürlich noch viel kompliziertere Formeln. Das heißt: Diese Systeme können die gesamte Schulmathematik und zumindest große Teile der Universitätsmathematik beweisen, und man kann sie sogar einsetzen, um neue Sätze zu beweisen.

Der erste wichtige Satz, der mit Computerhilfe bewiesen wurde, ist der «Vierfarbensatz»: Er besagt, dass man die Länder einer jeden Landkarte mit nur vier Farben so färben kann, dass je zwei Nachbarländer verschieden gefärbt sind. Der Beweis, der letztlich durch Kenneth Apel und Wolfgang Haken 1976 erbracht wurde, ist außerordentlich komplex und besteht aus zwei Teilen. Im ersten, theoretischen Teil wird das gesamte Problem, das sich auf unendlich viele mögliche Landkarten bezieht, auf eine endliche Zahl von 1936 Karten reduziert. Und im zweiten Teil wird der Computer eingesetzt, um diese 1936 Fälle einzeln zu lösen.

Die zweite Antwort lautet: Nein, der Computer hat den Kern der Mathematik nicht verändert. Es geht nach wie vor um präzise Begriffe, korrekte Aussagen und einsichtige Beweise. Natürlich öffnet der Einsatz von Rechnern neue Anwendungsfelder und stellt damit neue mathematische Fragen. Aber die Mathematik selbst, die Wissenschaft, wie sie von Euklid begründet und unter anderem von Bourbaki erneuert wurde, diese hat sich nicht grundsätzlich verändert.

Die eher traditionell eingestellten Mathematiker sagen: Wir wollen verstehen, wir möchten einsehen, *warum* etwas richtig ist, und uns nicht nur vom Computer sagen lassen, *dass* es richtig ist. Die Propheten des Computereinsatzes sagen hingegen: Mit unserer menschlichen Einsicht und unseren Vorstellungen kommen wir nicht besonders weit. Lasst uns den Computer benutzen. Er arbeitet schneller, zuverlässiger und unbeeinflussbarer.

Eines ist in jedem Fall sicher: Auch in Zukunft werden Mathematikerinnen und Mathematiker gebraucht, um die Algorithmen, die numerischen Verfahren und die Computer-Algebra-Systeme zu entwickeln, ohne die die Computer überhaupt nicht arbeiten können.

71
Kann man die Schwierigkeit mathematischer Probleme messen?

Manche Menschen glauben, Mathematik sei grundsätzlich kompliziert und alle in der Mathematik vorkommenden Aufgaben seien einfach unmenschlich schwierig.

Man kann aber durchaus Probleme unterschiedlicher Schwierigkeit voneinander unterscheiden, und zwar nicht nur aufgrund subjektiven Empfindens, sondern durchaus anhand objektiver Kriterien.

So lässt sich die Schwierigkeit eines Problems oder einer Aufgabe messen, indem man fragt: Wie lange braucht man zur Lösung dieses Problems?

Wir betrachten zunächst Aufgaben, die oft gar nicht als «Problem» angesehen werden, die aber in der Mathematik laufend auftreten, zum Beispiel das Addieren und Multiplizieren von Zahlen. Dabei soll es jetzt nicht um die psychologische Schwierigkeit einer Einzelaufgabe («7 mal 8» ist schwieriger als «3 mal 4»), sondern um die Aufgabe des Multiplizierens als solche gehen.

Konkret lautet die Frage: Wie groß ist der Aufwand, um zwei Zahlen miteinander zu multiplizieren? Das kommt natürlich auf die Größe der Zahlen an. Wir messen die Größe einer Zahl durch die Anzahl ihrer Stellen: Dreistellige Zahlen sind schwieriger zu multiplizieren als zweistellige. Wir wissen, dass wir die Multiplikation großer Zahlen auf viele Multiplikationen aus dem kleinen Einmaleins zurückführen können. Und genau darauf kommt es an, auf die Anzahl der Multiplikationen aus dem kleinen Einmaleins, die man benötigt, um zwei Zahlen zu multiplizieren. Dies ist ein faires Maß für den Arbeitsaufwand.

Um zwei dreistellige Zahlen zu multiplizieren, braucht man maximal neun Multiplikationen mit dem kleinen Einmaleins. Denn man multipliziert jede Ziffer der zweiten Zahl mit jeder Ziffer der ersten, und das gibt drei mal drei, also neun Multiplikationen. Die Additionen werden als besonders einfach angesehen, deshalb lässt man sie bei der Aufwandabschätzung unter den Tisch fallen.

Um zwei vierstellige Zahlen zu multiplizieren, benötigt man maximal 16 Multiplikationen, und wenn man zwei n-stellige Zahlen multipliziert, reichen maximal n^2 Multiplikationen aus dem Einmaleins. Damit haben wir ein Maß für den Aufwand der Multiplikation von Zahlen gewonnen.

Wann immer man einen Aufwand erhält, der als n^2, n^3, n^{10} – oder allgemein als n^k – beschrieben werden kann, spricht man von «polynomiellen» Problemen (weil der Aufwand durch ein Polynom wie n^k angegeben wird). Dies sind die «einfachen» Probleme. Viele Probleme der Mathematik sind in diesem Sinne einfach: Addieren, Multiplizieren, Suchen, Sortieren, Multiplizieren von Matrizen usw.

Es gibt aber auch ganz andere Aufgaben, ungleich schwierigere Probleme, solche, die einen unglaublichen Aufwand erfordern. Dies sind Probleme mit «exponentiellem» Aufwand. Bei denen lautet die Formel für den Aufwand 2^n oder 10^n oder so ähnlich – jedenfalls steht das n im Exponenten.

Wir können uns folgendes Problem vorstellen: In einer «mathematischen Lotterie» wird eine n-stellige Zahl gezogen. Um sicher zu sein, den Hauptgewinn zu erhalten, muss man alle Zahlen tippen, das sind 10^n viele. Dies ist ein Beispiel für ein exponentielles Problem.

Ein weiteres exponentielles Problem ist die Rückwärtssuche im Telefonbuch: Angenommen, Sie haben nur ein Telefonbuch, aber keinen Computer und kein Telefon zur Verfügung. Wie lange brauchen Sie, um zu einer gegebenen Nummer den Namen zu finden?

Exponentielle Probleme sind Probleme ohne intelligente Abkürzung, bei denen einem nichts anderes übrig bleibt, als alle Möglichkeiten durchzuprobieren.

72
Ist Überprüfen einfacher als Probleme lösen?

Was ist einfacher: Eine Klassenarbeit zu schreiben oder sie zu korrigieren? Wenn man Schüler fragt, ist die Antwort klar: Natürlich besteht die eigentliche Schwierigkeit darin, die Arbeit zu schreiben, der Lehrer muss ja «nur» noch korrigieren. Wenn man Lehrerinnen und Lehrer nach ihrer Sicht der Dinge fragt, entsteht ein anderes Bild: «Sie glauben gar nicht, wie aufwändig das Korrigieren ist!»

Die Mathematik hat diese unterschiedliche Sicht der Dinge aufgenommen. Zunächst nehmen wir die Schülersicht ein. Für sie geht es bei einem Test darum, gegebene Aufgaben zu lösen. Bei einer vernünftigen Arbeit sind die einzelnen Aufgaben «fair», das heißt im Prinzip gut lösbar. Solche Aufgaben werden durch die Klasse P von Problemen dargestellt. In der Klasse P sind diejenigen Probleme zusammengefasst, die mit polynomiellem Aufwand lösbar sind. Grob gesagt, sind dies die «einfachen» Probleme, diejenigen Aufgaben, die «fair» sind, die sich mit überschaubarem Aufwand lösen lassen. (Lassen Sie sich durch das Wort «Klasse» nicht verwirren. Sie könnten stattdessen auch einfach «Menge» sagen.)

Die Sicht der Lehrerinnen und Lehrer ist eine andere. Sie müssen die Vorschläge, die von den Schülerinnen und Schülern als Lösungen angeboten werden, auf Richtigkeit überprüfen. Dieser Aspekt wird durch die Klasse **NP** aufgenommen. Das sind diejenigen Probleme, bei denen leicht (d.h. polynomiell) überprüft werden kann, ob eine vorgelegte Lösung stimmt. (Stören Sie sich nicht an der Bezeichnung «NP»; diese hat historische Gründe.)

In die Klasse **NP** gehört zum Beispiel das Problem der Faktorisierung von Zahlen, also ihre Zerlegung in Primzahlen. Man weiß bis heute nicht, ob Faktorisieren einfach oder schwierig ist (können Sie auf Anhieb die Primfaktoren der Zahlen 63, 143, 851 oder 1001 angeben?). Mit anderen Worten, man weiß nicht, ob das Faktorisieren in die Klasse **P** gehört. Aber überprüfen lässt sich das einfach. Angenommen, jemand behauptet, 11 sei ein Teiler von 143. Das können Sie einfach testen, indem Sie 143 durch 11 teilen. Wenn sich dabei eine ganze Zahl ergibt, ist die Behauptung richtig; wenn aber eine Kommazahl herauskommt, ist sie falsch.

Es ist klar, dass jedes Problem der Klasse **P** auch zur Klasse **NP** gehört. Denn wenn man ein Problem einfach lösen kann, dann lassen sich Lösungen auch einfach überprüfen – notfalls rechnet man die Lösung einfach noch mal aus und vergleicht das eigene Ergebnis mit dem angebotenen.

Überraschenderweise sind viele Mathematiker der Meinung, dass auch die Umkehrung gilt: **NP** ist in **P** enthalten! P=NP! Jedes einfach zu überprüfende Problem ist auch einfach zu lösen! Dies würde insbesondere bedeuten, dass auch das Faktorisieren großer Zahlen in **P** liegt, also einfach ist.

Wohlgemerkt: Dies ist eine Vermutung, kein bewiesener

Satz! Es ist eines der großen ungelösten Probleme der heutigen Mathematik; eines der 1-Million-Dollar-Probleme, die als größte Herausforderung für Mathematiker gelten!

73
(Wie) hängen Mathematik und Musik zusammen?

Nach Abschluss seiner Bildungsreisen hat Pythagoras um 530 v. Chr. in Kroton (Süditalien) eine «Schule» gegründet. Diese Lebensgemeinschaft der Pythagoreer, von der wir wenig wissen, soll unter anderem Mathematik und Musik gemacht haben.

Welche Musik die Pythagoreer gemacht haben, ist nicht klar. Sicher ist aber, dass sie auch mit Musikinstrumenten experimentiert haben. An einem ihrer Instrumente, dem «Monochord», kann man die Erkenntnisse der Pythagoreer deutlich machen.

Das Monochord ist ein Instrument mit nur einer Saite, die über das Instrument gespannt ist. Wenn man die Saite anzupft, ergibt sie einen Ton. Das ist noch nichts Besonderes.

Man kann die Saite aber auch irgendwo zwischen ihren Enden herunterdrücken beziehungsweise abklemmen, so ähnlich wie bei einer Gitarre. Dann kann man auf beiden Seiten zupfen. Klar: Drückt man die Saite genau in der Mitte an, ergibt sich rechts und links der gleiche Ton.

Teilt man die Saite hingegen nicht in gleiche Teile, sondern zum Beispiel im Verhältnis 2:1, dann wird man zwei verschiedene Töne hören: Bei dem längeren Stück einen tieferen, bei dem kürzeren einen höheren Ton. Beim Verhältnis 2:1 ergeben sich aber nicht irgendwelche Töne, sondern genau eine Oktave, also der reinste Klang, den zwei verschiedene Töne überhaupt bilden können. Klemmt man die Saite im Verhältnis 3:2 ab, ergibt sich als Klang eine Quinte – so wie eine Geige gestimmt ist.

Auf diese Weise haben die Pythagoreer weiterexperimentiert und dabei folgende sensationelle Erkenntnis erhalten: Je einfacher das Zahlenverhältnis (2:1, 3:2 usw.), desto reiner ist der Klang. Und umgekehrt: je komplexer das Zahlenverhältnis ($^{16}/_{27}$, $^{128}/_{243}$ usw.), desto unreiner, schräger, aufregender, spannender (je nach Geschmack) der Klang. In jedem Fall haben sie eine perfekte Beziehung zwischen der Welt der Töne und der Welt der Zahlen, genauer gesagt, der Welt der Klänge und der Welt der Zahlenverhältnisse erkannt.

So entstand der Leitspruch der Pythagoreer: «Alles ist Zahl.» Eine Zahl war für sie eine natürliche Zahl (1, 2, 3, ...) oder ein Verhältnis natürlicher Zahlen, was wir heute eine «rationale Zahl» nennen würden.

Diese Erkenntnis hat die Bildungspläne zweitausend Jahre lang beeinflusst. Musikunterricht war im Wesentlichen die pythagoreische Lehre der Zahlenverhältnisse und der zugehörigen Klänge. Das «Quadrivium», der zweite Teil des mittelalterlichen Grundstudiums, bestand aus Arithmetik, Geometrie, Astronomie und Musik. Wenn man berücksichtigt, dass die Musik im Grunde auch Mathematik war, dann erkennt man, dass das Quadrivium fast ausschließlich aus Mathematik bestand!

Gottfried Wilhelm Leibniz (1646–1716) hat die zugrunde liegende Idee großartig formuliert: «Die Musik ist eine verborgene arithmetische Übung der Seele, die nicht weiß, dass sie mit Zahlen umgeht.»

Die Musiktheorie der Pythagoreer hatte noch eine Konsequenz, die sich aus einer mathematischen Differenz ergibt. Stellen Sie sich eine Klaviertastatur vor. Auf der linken Seite können Sie eine Taste anschlagen, die der Note C entspricht, und es ertönt ein sehr tiefer Ton. Sie gehen von da aus jeweils eine Oktave nach rechts, insgesamt siebenmal. Dann sind Sie wieder bei einem C angelangt, jetzt einem sehr hohen Ton. Die sieben Oktaven entsprechen der siebenmaligen Anwendung des Verhältnisses 1:2. Insgesamt ist das Verhältnis der Saitenlängen $1/2 \times 1/2 \times 1/2 \times 1/2 \times 1/2 \times 1/2 \times 1/2 = 1/128 = 0{,}0078125$.

Vom tiefen C zum hohen C können Sie aber auch gelangen, indem Sie über Quinten fortschreiten. Sie werden 12 Quinten brauchen. Jede Quinte stellt das Verhältnis 2:3 dar. Das Verhältnis der Saitenlängen müsste also $(2/3)^{12}$ sein – das ist 0,00770, offenbar eine andere Zahl als $1/128$.

Diese Zahlen unterscheiden sich nur ein klein bisschen, man spricht vom «pythagoreischen Komma». Dieses «Komma» ist dafür verantwortlich, dass man ein Klavier nicht so stimmen kann, dass es in jeder Tonart rein klingt. Erst Andreas Werckmeister (1645–1706) hat «wohltemperierte» Stimmungen entworfen, die es ermöglichen, alle Tonarten zu benutzen. Johann Sebastian Bach (1685–1750) hat dies dann in seiner berühmten Sammlung «Das wohltemperierte Klavier» realisiert.

Probleme

74
Gibt es in der Mathematik noch etwas zu erforschen?

In kaum einer Frage sind sich Nichtmathematiker und Mathematiker jeweils untereinander so einig – kommen aber zu diametral unterschiedlichen Ergebnissen. Während sich für Außenstehende die Mathematik als abgeschlossenes Gebiet darstellt, in dem bestenfalls noch marginale Aspekte zu erforschen sind und gegebenenfalls «der Computer» alles erledigt, antwortet jeder Mathematiker begeistert: «Ja, es gibt noch unglaublich viel zu erforschen, und das wird auch immer so bleiben. Das sagt uns theoretisch der Satz von Gödel, aber auch die praktische Erfahrung jedes Mathematikers.»

Es gibt viele Zeitschriften, in denen mathematische Forschungsartikel veröffentlicht werden. Jeder dieser Artikel muss ein neues Resultat enthalten. In diesem Punkt ist die Community der Wissenschaftler kompromisslos. Jedes eingereichte Manuskript wird in der Regel von zwei Gutachtern durchgearbeitet, die mindestens zwei Fragen beantworten müssen: Enthält die Arbeit etwas Neues? Ist der Beweis des neuen Satzes korrekt? Ohne dass diese Fragen bejaht werden, hat die Arbeit keine Chance, veröffentlicht zu werden.

Die Mathematiker schreiben so viele Arbeiten, dass es seit vielen Jahrzehnten «Metazeitschriften» gibt, also Zeitschriften, die keine Originalarbeiten veröffentlichen, sondern nur Kurzreferate über bereits publizierte Artikel.

Das erste dieser «Referateorgane» waren die *Jahrbücher der Fortschritte der Mathematik*, die von 1869 bis 1945 erschienen. Schon zu Lebzeiten der *Fortschritte* wurden 1931 in Deutschland das *Zentralblatt für Mathematik und ihre Grenzgebiete* und 1940 in den USA die *Mathematical Reviews* gegründet. Das russische Pendant heißt *Referativnij Journal Matematika* und erscheint seit 1945.

Auch diese Zeitschriften bringen es jährlich auf viele Bände. In den Reviews werden pro Jahr etwa 100 000 Arbeiten besprochen. Im Klartext: Jedes Jahr werden mindestens 100 000 neue mathematische Sätze veröffentlicht.

Ich behaupte nicht, dass all diese Ergebnisse wichtig sind und die Forschung nachhaltig stimulieren werden, auch nicht, dass man sich an alle in zehn Jahren noch erinnern wird. Ganz bestimmt nicht. Aber neu sind sie alle.

Und da jede beantwortete Frage mindestens eine neue aufwirft, müssen wir uns keine Sorge über den Vorrat an unbeantworteten mathematischen Fragen machen.

75
Warum sind Probleme wichtig?

Mathematiker finden Probleme gut. Mathematiker wollen Probleme nicht vermeiden («Probleme haben nur die anderen!», behaupten Industrieunternehmen), ein Problem ist für sie nichts Gefährliches («Houston, we have a problem», funkte Apollo 13 am 13. April 1970), Probleme werden von ihnen nicht heruntergespielt («Damit hab ich kein Problem», sagt man ja üblicherweise), sondern ein gutes mathematisches Problem stellt eine Herausforderung dar. Manche Probleme lösen Begeisterung aus. Und in jedem Fall tauchen Mathematiker angesichts eines guten Problems für einige Zeit ab, um bereit zu sein, den entscheidenden Gedanken zu fühlen oder zu empfangen, der das Problem löst.

Gute Probleme werden weitergegeben, damit auch Kolleginnen und Kollegen etwas davon haben!

Viele sind davon überzeugt, dass Problemlösen ein entscheidender Teil jeder mathematischen Bildung ist. Deshalb gibt es seit vielen Jahrzehnten unterschiedliche Wettbewerbe, bei denen das Problemlösen im Mittelpunkt steht.

Der Känguru-Wettbewerb findet auf jedem Schulniveau statt; man muss nur die richtigen Lösungen ankreuzen – aber die Aufgaben haben es in sich (www.mathe-kaenguru.de/)!

Die Mathematik-Olympiaden finden international seit 1959 statt. Man kann sich über mehrere Stufen qualifizieren. Die Teilnahme an einer internationalen Mathematik-Olympiade und gar ein Medaillengewinn sind sicher die höchste mathematische Auszeichnung, die man als Schülerin oder Schüler erhalten kann (www.mathematik-olympiaden.de/).

Neben verschiedenen Landeswettbewerben wird in Deutschland auch der Bundeswettbewerb Mathematik organisiert, bei dem man – im Gegensatz zu den oben genannten Wettbewerben – keine Klausur schreibt, sondern in einem Zeitraum von mehreren Wochen vier Aufgaben zu lösen hat (www.bundeswettbewerb-mathematik.de/).

Eine typische Wettbewerbsaufgabe sollte folgende Eigenschaften haben:
- Sie ist unmittelbar zu verstehen. Sie zeichnet sich nicht durch Unübersichtlichkeit aus, sondern das Problem ist klar herausgearbeitet.
- Sie lässt sich ohne «höhere Mathematik» lösen. Natürlich sind die Aufgaben anspruchsvoll, aber nicht in dem Sinne, dass man ohne ein Mathematikstudium keine Chance hat, sondern dass man «Köpfchen» braucht.

Ein Beispiel aus dem Bundeswettbewerb Mathematik 2008, 1. Runde, an dem Sie sich versuchen können:

Fritz hat mit Streichhölzern gleicher Länge die Seiten eines Parallelogramms gelegt, dessen Ecken nicht auf einer gemeinsamen Geraden liegen. Er stellt fest, dass in die Diagonalen genau 7 bzw. 9 Streichhölzer passen. Wie viele Streichhölzer bilden den Umfang des Parallelogramms?

Auch forschende Mathematiker werden durch Probleme angezogen. (Zugegebenermaßen nicht alle. Es gibt auch diejenigen, deren Ziel es ist, Theorien so weit zu entwickeln, dass sich die Probleme einfach «auflösen».) Paul Erdős, einer der fruchtbarsten Mathematiker des 20. Jahrhunderts, war nicht nur selbst von Problemen fasziniert, sondern hielt Problemlösen auch für die Methode, mit der junge hochbegabte Mathematiker einen schnellen und tiefen Einblick in die Mathematik erhalten können. Er selbst kannte unglaublich viele ungelöste (!) Probleme auf jedem Niveau und erzählte davon jedem jungen Mathematiker, der ihm begegnete.

76
Was sind Hilberts Probleme?

Als David Hilbert auf dem internationalen Mathematikerkongress, der parallel zur Weltausstellung 1900 in Paris stattfand, ein Grundsatzreferat halten sollte, erwartete jeder, dass der bedeutendste Mathematiker seiner Zeit die wahrhaft großen Erfolge der Mathematik des 19. Jahrhunderts feiern würde.

Hilbert tat etwas ganz anderes, etwas, was vor ihm noch nie jemand getan hatte und wofür der Mut und das Selbstvertrauen notwendig waren, über die er zweifellos verfügte: Er blickte in die Zukunft. Und zwar nicht in dem Sinne, dass er vorauszusagen versuchte, was geschehen würde, welche Sätze die Mathematiker beweisen würden.

Hilbert tat etwas sehr Spezifisches, etwas, für das nur jemand qualifiziert war, der tiefe Einblicke in fast alle Gebiete der Mathematik hatte: Er identifizierte die Kernprobleme, an denen sich die Mathematiker im 20. Jahrhundert die Zähne ausbeißen sollten. Er benannte visionär die Prüfsteine, an denen sich die Mathematik der kommenden Jahrzehnte abarbeiten würde. Einleitend sagte er:

«Wer von uns würde nicht gerne den Schleier lüften, unter dem die Zukunft verborgen liegt, um einen Blick zu werfen auf die bevorstehenden Fortschritte unserer Wissenschaft und in die Geheimnisse ihrer Entwicklung während der künftigen Jahrhunderte! Welche besonderen Ziele werden es sein, denen die führenden mathematischen Geister der kommenden Geschlechter nachstreben? Welche neuen Methoden und neuen Tatsachen werden die neuen Jahrhunderte entdecken – auf dem weiten und reichen Felde mathematischen Denkens?»

In seinem Vortrag stellte er 23 Probleme aus allen Gebieten der Mathematik vor: Geometrie, Zahlentheorie, Logik, Topologie, Arithmetik, Algebra.

Das Erstaunliche ist: Hilbert behielt recht. Die von ihm genannten Probleme haben die Mathematik des 20. Jahrhunderts stark beeinflusst. Es sind die Probleme, die gewissermaßen als Leitmotive die Mathematik des 20. Jahrhunderts bestimmten. Natürlich spielte die Prominenz von Hilbert eine wichtige Rolle: Jedem, der eines dieser Probleme löste, war Ruhm und Ehre garantiert.

Manche der Probleme wurden schnell gelöst (das 3. Problem löste Max Dehn noch im selben Jahr), manche brauchten Jahrzehnte (wie das 10. Problem, das 1970 gelöst wurde), manche hatten eine Lösung, die Hilbert selbst vermutete (wie das 7. Problem, das von transzendenten Zahlen handelt), manche hatten eine Lösung, die Hilberts Sicht der Mathematik widersprach (das 1. Problem über die Kontinuumshypothese), bei manchen wurde ihre Unlösbarkeit bewiesen (beim 2. Problem, durch den Unvollständigkeitssatz von Gödel), und manche sind heute noch ungelöst (das 8. Problem, die Riemann'sche Vermutung).

Nie, weder vorher noch nachher, hat ein einzelner Vortrag die Mathematik in ihrer Breite so nachhaltig geprägt wie Hilberts 23 Probleme im Jahre 1900 in Paris.

77
Was sind die 1-Million-Dollar-Probleme?

Zur Feier des neuen Jahrtausends und in Erinnerung an Hilberts Rede im Jahr 1900, in der er seine berühmten 23 Probleme vorgestellt hatte, stellte das «Clay Mathematics Institute of Cambridge, Massachusetts» im Jahr 2000 sieben Probleme vor und garantierte jedem, der eines davon als Erster löst, einen Preis in Höhe von 1 Million Dollar. (Für die meisten Mathematiker wäre das Preisgeld eine feine Sache. Für viele aber wäre die Anerkennung, verbunden mit der Möglichkeit, sich intensiver der Forschung zu widmen, noch attraktiver. Für die echten Forscher ist aber der Erkenntnisgewinn der größte, nicht mit Geld aufzuwiegende Gewinn.)

Die Auswahl der Probleme war nicht so originell wie die Wahl der Hilbert'schen Probleme; es sind sozusagen die berühmtesten ungelösten Probleme der Mathematik. Probleme, an denen sich die Mathematiker schon seit Jahrzehnten die Zähne ausbeißen. Und Probleme, zu deren Bewältigung man aller Voraussicht nach eine enorme mathematische Technik braucht.

Zwei Probleme sind in der Zahlentheorie angesiedelt; dazu gehört die vermutlich berühmteste und wichtigste Vermutung der Mathematik überhaupt, nämlich die Riemann'sche Vermutung. Zwei Probleme behandeln Fragen der «Topologie», also der Struktur des Raums; dazu gehört die Poincaré-Vermutung. Ebenfalls zwei Probleme sind im Bereich der mathematischen Physik angesiedelt und eines, nämlich das Problem «P=NP», im Bereich der theoretischen Informatik.

Das einzige bislang gelöste Millionenproblem ist die Poincaré-Vermutung. Der russische Mathematiker Gregori Perelmann (geb. 1966) bewies diese Vermutung im Jahr 2003. Die Poincaré-Vermutung fragte danach, ob der vierdimensionale Raum «so ähnlich» wie der uns bekannte dreidimensionale Raum ist. Poincaré vermutete, dass es sich so verhält. Insbesondere geht es um die dreidimensionalen Oberflächen vierdimensionaler Körper.

Perelmann ist ein Extremtyp von Mathematiker: Er stellte seine Arbeit «einfach so» ins Internet, nahm die ihm verliehene Fields-Medaille, das Äquivalent zum Nobelpreis, nicht an und zeigte auch keinerlei Interesse an den Dollars. Im Gegenteil: Der Presserummel wurde ihm offenbar zu viel, er kündigte seine Stelle am Steklow-Institut in Moskau und ist seitdem praktisch unauffindbar. Das mag skurril erscheinen, schmälert aber seine mathematische Leistung nicht im Geringsten. Denn Perelmann hat ein Problem gelöst, an dem sich die besten Mathematiker hundert Jahre lang die Zähne ausgebissen hatten.

78
Was ist das (3n+1)-Problem?

Wählen Sie irgendeine natürliche Zahl. Wenn diese gerade ist, teilen Sie diese durch 2. Wenn Ihre Zahl ungerade ist, multiplizieren Sie diese mit 3 und addieren 1. In jedem Fall erhalten Sie eine neue Zahl. Diese behandeln Sie nun genauso wie die erste: Wenn die neue Zahl gerade ist, teilen

Sie die Zahl durch 2, wenn sie ungerade ist, multiplizieren Sie diese mit 3 und addieren 1. Sie erhalten wieder eine neue Zahl und führen mit dieser wieder die beschriebene Prozedur durch.

So erhalten Sie eine Folge von Zahlen, bei der die Zahl, die nach einer Zahl n kommt, auf folgende Weise berechnet wird:

$n/2$, falls n eine gerade Zahl ist,
$3n+1$, falls n eine ungerade Zahl ist.

Wenn Sie mit der Zahl 6 beginnen, erhalten Sie die Folge 6, 3, 10, 5, 16, 8, 4, 2, 1. Wenn Ihre erste Zahl 7 ist, erhalten Sie zwar eine längere Folge: 7, 22, 11, 34, 17, 52, 26, 13, 40, 20, 10, 5, 16, 8, 4, 2, 1 – aber sie endet auch bei der Zahl 1.

Jede solche Folge endet bei der 1. Sie können jede beliebige Startzahl wählen, immer kommen Sie zur 1. Das entdeckte der Mathematiker Lothar Collatz (1910–1990) im Jahr 1937. Genauer gesagt: Er stieß auf dieses Problem und vermutete, dass jede so gebildete Folge bei 1 endet. Er konnte es nicht beweisen, er hat nur vermutet, dass es immer so ist. Seine eigentliche Entdeckung war das Problem, das ihm zu Ehren «Collatz-Problem» oder auch «(3n+1)-Problem» heißt.

Das (3n+1)-Problem hat den Vorteil, dass sich ohne Schwierigkeiten beliebig viele Beispiele finden lassen: Wählen Sie irgendeine Zahl, und probieren Sie aus, ob Sie zur 1 kommen. Man kann dazu auch den Computer einsetzen und diesen viele Zahlen durchprobieren lassen. Das Collatz-Problem scheint geradezu dafür gemacht zu sein. Man hat es bis zu einer Größenordnung von einer Trillion getestet. Bis dahin ist die Vermutung garantiert richtig. Es wird also nicht ganz leicht sein, ein Gegenbeispiel zu finden – falls es überhaupt eines gibt.

Die Computerrechnungen sind allerdings kein Beweis. Lothar Collatz hatte keinen Beweis. Und bislang konnte noch überhaupt niemand diese Vermutung beweisen! Bisher hat diese Folge allen Angriffen getrotzt.

Ein wunderbar einfach zu formulierendes Problem, das man sofort versteht, das jeder direkt ausprobieren kann, von dessen Richtigkeit jeder überzeugt ist – das aber trotz aller Bemühungen auch der intelligentesten Mathematiker bislang nicht gelöst werden konnte!

79
Kann man alles beweisen?

In der Mathematik herrschte immer die Überzeugung, dass man jedes mathematisch formulierbare Problem lösen, jede Frage beantworten, jede Aufgabe erledigen können werde. Vielleicht nicht zu Lebzeiten des jeweiligen Mathematikers, aber irgendwann bestimmt. Dieser lange Zeit unbewusste Optimismus wurde um die Wende vom 19. zum 20. Jahrhundert explizit gemacht. Der exponierteste Vertreter dieses Programms war David Hilbert. In einer berühmten Rede, die er im Jahr 1930 in Königsberg gehalten hat, wendet er sich gegen die Kulturpessimisten, deren Motto ein «ignorabimus» («Wir werden nicht wissen») ist. Hilbert hält kräftig dagegen: «Für uns gibt es kein Ignorabimus und meiner Meinung nach für die Naturwissenschaft überhaupt nicht. Statt des törichten Ignorabimus heiße im Gegenteil unsere Losung: Wir müssen wissen, wir werden wissen.»

Das klingt so schmetternd optimistisch wie der Schluss der 9. Sinfonie von Beethoven: Man singt so überzeugt und so kräftig, dass andere Töne gar nicht aufkommen können.

Aber schon im darauffolgenden Jahr wurden die «anderen Töne» unüberhörbar. Der junge österreichische Mathematiker Kurt Gödel (1906–1978) veröffentlichte eine Arbeit mit dem unauffälligen Titel *Über formal unentscheidbare Sätze der Principia Mathematica und verwandter Systeme*, die aber eine Sprengkraft in sich birgt wie keine andere mathematische Veröffentlichung des 20. Jahrhunderts. Gödel beweist nämlich, dass Hilbert komplett unrecht hat: Es gibt Aussagen, für die sich nicht beweisen lässt, ob sie richtig oder falsch sind. Genauer gesagt: Für jede Theorie, die zumindest die ganzen Zahlen beinhaltet, lassen sich Aussagen formulieren, die innerhalb dieser Theorie weder beweisbar noch widerlegbar sind. Es gibt also Aussagen, die vielleicht wahr sind, deren Wahrheit man aber nicht beweisen kann. Natürlich kann man dann eine umfassendere Theorie einführen, in der diese Aussage beweisbar oder widerlegbar ist. Aber auch für diese Theorie gibt es Aussagen, die … Und so weiter. Kurz, die Mathematik kann sich nicht am eigenen Schopf aus dem Sumpf ziehen.

Hans Magnus Enzensberger drückt das in seinem Gedicht «Hommage an Gödel» so aus:

> *Du kannst deine eigene Sprache*
> *in deiner eigenen Sprache beschreiben:*
> *aber nicht ganz.*
> *Du kannst dein eigenes Gehirn*
> *mit deinem eigenen Gehirn erforschen:*
> *aber nicht ganz.*
> *Usw.*

Gödels Satz zeigt, dass die Mathematik offen ist, dass sie nie aufhört, dass es immer neue Fragestellungen geben wird.

Gödels Satz hat auch eine tröstliche Seite. Stellen Sie sich einen Computer vor oder stellen Sie sich alle Computer der Welt vor, die miteinander vernetzt sind. Ein solches Computernetz enthält unglaublich viele Informationen. Es enthält auch Schlussregeln, wie man aus gegebenen Fakten neue erschließt. So kann es sich noch mehr Informationen erarbeiten. Das scheint bedrohlich zu sein. Aber Gödels Satz sagt: Auch diese Computerkrake wird nie alles wissen!

80
Ist die Mathematik widerspruchsfrei?

Wir wissen es nicht. Schlimmer: Wir werden es nie wissen. Am allerschlimmsten: Das Einzige, was wir in diesem Zusammenhang sicher wissen, ist, dass wir es nie wissen werden.

Das Problem der Widerspruchsfreiheit der Mathematik trat um die Wende vom 19. zum 20. Jahrhundert auf, als man in der Mengenlehre Widersprüche entdeckte. Die Furcht war, dass aus den Axiomen rein durch logische Schlüsse ein Widerspruch ableitbar ist. Das wäre der GAU für die Mathematik. Dann würde das gesamte Gebäude der mathematischen Sätze zusammenbrechen; denn wenn irgendwo ein Widerspruch existiert, dann kann man alles beweisen: jede Aussage und ihr Gegenteil.

Das uneingeschränkte Bilden neuer Mengen führt zu Problemen. Das Problem kristallisierte sich am Begriff derjenigen Menge heraus, die all diejenigen Mengen als Elemente enthält, die sich nicht selbst als Element enthalten. Das ist so zu verstehen: Jede Menge besteht aus Elementen. Diese können natürlich ihrerseits Mengen sein, zum Beispiel kann man von der Menge sprechen, deren Elemente die Mengen {0}, {0,1}, {0,1,2} usw. sind. Es ist vorstellbar, dass eine Menge sogar sich selbst als Element enthält, obwohl wir das eher als ungewöhnlich ansehen würden. Viel «normaler» sind die Mengen, die sich nicht selbst als Element enthalten. Alle diese «normalen» Mengen werden nun zu einer Menge zusammengefasst. Und genau diese macht Schwierigkeiten.

Der Mathematiker und Philosoph Bertrand Russell (1872–1970) hat das Dilemma in unübertrefflicher Prägnanz formuliert: In einem Dorf gibt es einen Barbier. Dieser rasiert Männer. Er hat aber eine Regel: Er rasiert genau diejenigen Männer, die sich nicht selbst rasieren. Frage: Rasiert sich der Barbier nun selbst oder nicht? Wenn er sich selbst rasiert, dann gehört er nicht zu denjenigen, die sich nicht selbst rasieren. Also darf er – nach seiner Regel – sich selbst nicht rasieren. Wenn er sich aber nicht selbst rasiert, dann gehört er zu der Gruppe, die er – nach seiner Regel – rasieren muss. Also rasiert er sich selbst. In jedem Fall ein Widerspruch.

In der Mengenlehre entsteht der entsprechende Widerspruch, wenn man fragt, ob die oben definierte Menge aller Mengen, die sich nicht selbst als Element enthalten, sich selbst als Element enthält.

Die Konsequenz war klar: Einen solchen Barbier kann es nicht geben, und die Menge aller Mengen, die sich nicht selbst als Element enthalten, darf nicht existieren. Kurz: Man musste die Freiheit in der Mengenbildung einschränken. Hier leisteten Ernst Zermelo (1871–1953) und Abraham Fraenkel (1891–1965) Pionierarbeit. Die von ihnen entwickelte Axiomatisierung der Mengenlehre hat sich unter dem Namen ZF-Mengenlehre durchgesetzt.

Auf diese Weise ließ sich dieser spezielle Widerspruch vermeiden. Die Frage bleibt aber, ob damit auch alle Widerspruchsmöglichkeiten ausgeschlossen oder ob noch Widersprüche möglich sind. Das Problem war so wichtig, dass David Hilbert es als zweites seiner berühmten Probleme beim Weltkongress der Mathematik 1900 in Paris vorstellte.

In der Folgezeit versuchten viele Mathematiker, unter Führung von David Hilbert, die Widerspruchsfreiheit der Mathematik oder gewisser Teile der Mathematik zu beweisen. Das ging so lange gut, bis Kurt Gödel kam. In seiner

Jahrhundertarbeit *Über formal unentscheidbare Sätze der Principia Mathematica und verwandter Systeme* zeigte er auch, dass man die Widerspruchsfreiheit einer mathematischen Theorie nicht innerhalb dieser Theorie zeigen kann. Man kann die Widerspruchsfreiheit eines gewissen Teils der Mathematik eventuell beweisen, indem man zu einem größeren Gebiet übergeht. Um dessen Widerspruchsfreiheit zu beweisen, muss man aber erneut zu einem größeren Gebiet übergehen. Und so weiter. Summa summarum: Man kann nicht mit Mitteln der Mathematik die Widerspruchsfreiheit ebendieser Mathematik nachweisen!

Mathematiker

81
Warum können Mathematiker nicht rechnen?

Es gab und gibt Mathematiker, die auch auf höherer Ebene wahre Rechenkünstler sind. Sie können nicht nur mit Zahlen umgehen, sondern sind auch Artisten im Jonglieren mit Formeln. Sie wissen genau, wann man eine Variable durch eine andere ersetzen muss, damit die Gleichung einfacher wird, sie wissen, wann man genau sein muss und wann man großzügig sein kann.

Carl Friedrich Gauß zum Beispiel entwickelte nicht nur ein wunderbares Eliminationsverfahren zur Lösung von linearen Gleichungssystemen; er war zudem der Meinung, dass dieses Verfahren so gut sei, dass man damit die Gleichungen – im Kopf – lösen und dabei noch etwas anderes denken könne.

Auf der anderen Seite gab und gibt es Mathematiker, die sich beim Rechnen hoffnungslos verheddern. Das ist so wie in dem Witz über einen zerstreuten Mathematikprofessor: Der Professor sagt A, schreibt B, meint C, rechnet D, aber E wäre richtig gewesen.

Warum? Zunächst einmal: Mathematik ist nicht Rechnen. Wenn überhaupt, ist Rechnen ein kleiner und nicht sehr wichtiger Teil der Mathematik. Die Vorstellung, die Mathematiker würden den ganzen Tag dasitzen und mit riesigen

Zahlen rechnen beziehungsweise den Computer rechnen lassen, ist ein Zerrbild.

In Wirklichkeit ist es ganz anders: Die Aufgabe der Mathematik ist es, ein Problem so gründlich zu durchdenken, es so klar zu strukturieren, es so gut zu beherrschen, dass man anschließend «nur noch» rechnen muss. Etwas pointiert gesagt: Mathematik ist die Kunst, Rechnen zu vermeiden!

Das wissen diese Mathematiker. Sie wissen, dass Rechnen einfach ist, dass jeder rechnen kann, dass selbst sie das Ergebnis rausbekämen – würden sie sich darauf konzentrieren. Sie schaffen die Voraussetzungen dafür, dass sich schwierige Probleme auf Rechenprobleme reduzieren lassen.

Was selbst den Mathematikern, die keinen Spaß am Rechnen haben, gefällt und woran sie manchmal eine diebische Freude haben, das sind kleine Rechentricks oder auch kleine Überprüfungsaspekte. Zum Beispiel schauen sie nur, ob beim Ergebnis die letzte Ziffer stimmt, oder sie wissen, ob das Ergebnis eine gerade oder eine ungerade Zahl ist. Das genügt ihnen.

82
(Warum) sind Mathematiker weltfremd?

Zunächst einmal: Eigentlich ist die Frage weltfremd. Denn die meisten Mathematiker sind in ihrem Verhalten und in ihrer Kleidung völlig normal, in einer Fußgängerzone, im Schwimmbad oder im Restaurant würden sie nicht auffallen. Dass unordentliche Kleidung, ungepflegte Haare und unhöfliches Benehmen Voraussetzungen geistiger Höchstleistungen sind, ist ein haltloses Vorurteil.

Allerdings: Eines ist auch richtig. Forscher überwinden Grenzen. Sie stoßen in neue Gebiete vor. Sie betreten unbekanntes Gelände. Sie sehen etwas, was vor ihnen noch nie jemand gesehen hat. Das gilt auch für mathematische Forscher. Die Gebiete, die sie als Erste betreten, sind geistige Gebiete, und die Grenzen, die sie überschreiten, sind geistige Grenzen. Aber trotzdem ist es Neuland, das sie betreten, und es sind Grenzen, die sie überschreiten.

Dazu muss man bereit sein. Dazu muss man die Voraussetzungen mitbringen. Dazu muss man den entsprechenden Charakter haben.

Manchmal zeigt sich das auch im Äußeren. Einer der bekanntesten, bedeutendsten und erfolgreichsten Mathematiker des 20. Jahrhundert war der Ungar Paul Erdős (1913–1996). Er war ein mathematisches Wunderkind und bis ins hohe Alter – er wurde über 80 – ein höchst kreativer und produktiver Denker. Aber sein ganzes Leben lang konnte er keine Schuhe binden, geschweige denn eine Krawatte knoten. Und bestimmt hat er sich nie ein Spiegelei gebraten. Nicht weil er dafür nicht begabt war, sondern weil das für ihn vollkommen unwichtig war. Sein Leben war Mathematik, und nur das hatte Gewicht. Ein Beweis für einen mathematischen Satz war das Höchste. Demgegenüber verblasste jedes weltliche Gut. In ganz besonderer Weise förderte Erdős junge Mathematiker. Mit ihnen sprach er natürlich über das, was er wusste. Aber noch viel mehr und mit noch viel größerer Begeisterung darüber, was er nicht wusste. Erdős hatte eine ganz besondere Begabung, Vermutungen zu finden, also vorauszuahnen, was richtig sein könnte und auch wie schwer es sein würde, diese Vermutungen zu beweisen.

Dabei war er stets höflich, ja freundlich und zuvorkommend. Er war einfach gekleidet: offenes Hemd, Sandalen, aber alles war sauber. Seine ganze Habe passte in einen Koffer. Er brauchte nur Papier und einen Kuli, seine Gedanken – und das Gespräch mit anderen Mathematikern.

83
Wer ist der größte Mathematiker aller Zeiten?

Das ist eine schwierige Frage. Was heißt «der größte»? Ist das derjenige, der die tiefsten Erkenntnisse hatte und die schwierigsten Gedanken zu denken vermochte? Oder jemand, der die meisten Erkenntnisse hatte, also die meisten Sätze bewiesen oder die meisten Veröffentlichungen geschrieben hat? Oder einer, der die Mathematik begründet oder neue Gebiete erschlossen hat?

Deswegen frage ich vorsichtiger: Wen halten die Menschen – und das sind in der Regel andere Mathematiker – für den größten Mathematiker aller Zeiten? Diese Frage ist einfacher zu beantworten: Wenn man Bücher durchsieht oder das Internet durchforstet, stößt man bei dieser Frage häufig auf vier Namen: Archimedes, Euler, Newton und Gauß.

Archimedes war sicherlich der größte Mathematiker der Antike. Er hat – neben seinen grandiosen Leistungen in der Physik und Technik – als Erster die Kreiszahl π systematisch berechnet, er hat mit seiner «Exhaustionsmethode» die Infinitesimalrechnung 2000 Jahre vor Leibniz und Newton vorausgeahnt, er hat das Volumen der Kugel berechnet und ein Stellenwertsystem entwickelt, um zu zeigen, dass es beliebig große Zahlen gibt.

Leonhard Euler, der vor 300 Jahren lebte, ist der Mathematiker, der am meisten geschrieben hat. Er hat auf allen Gebieten der Mathematik Bedeutendes und Bahnbrechendes geleistet: Euler hat neue Gebiete wie die Graphentheorie entwickelt, er hat in der Zahlentheorie und in der damaligen Königsdisziplin, der Analysis, geniale Beiträge geliefert. Und übrigens war er einer der persönlich angenehmsten Mathematiker.

Isaac Newton ist in England der unumstrittene Star der

Mathematik und Physik. In der Tat sind seine Erfindung der Infinitesimalrechnung vor 300 Jahren und das Ausloten ihres Potenzials ein Meilenstein der Mathematikgeschichte. Allerdings war er vielleicht als Physiker noch genialer als als Mathematiker.

Carl Friedrich Gauß, mit dem die moderne Mathematik begonnen hat, ist ebenfalls eine herausragende Persönlichkeit. Er hat nicht nur durch den Inhalt seiner Forschungen, sondern auch durch seine Art, Mathematik zu präsentieren, Maßstäbe gesetzt, die bis heute gelten.

Meine persönliche Meinung: Die Mathematik entwickelt sich immer weiter, jeder Mathematiker baut auf den Leistungen seiner Vorgänger auf. Insofern ist klar, dass Euler mehr wusste und konnte als Archimedes und Gauß noch mehr. Aber der Anfang ist das Schwierigste. Das heißt, mein Favorit ist der alte Archimedes.

84
Wer ist der größte deutsche Mathematiker?

Nein, es ist nicht Adam Ries. Ries hat zwar im 16. Jahrhundert einen Bestseller geschrieben, der den Deutschen das Rechnen mit dem damals neuen Dezimalsystem beibrachte.

Auch Albert Einstein ist nicht der größte deutsche Mathematiker. Einstein war zwar eines der größten Genies, das die Welt gesehen hat, aber er war Physiker und sah seine mathematische Kompetenz als sehr beschränkt. Als ihm einmal eine Schülerin schrieb, dass sie Schwierigkeiten mit der Mathematik in der Schule habe, antwortete er freimütig: «Mach dir keine Sorgen wegen deiner Schwierigkeiten mit der Mathematik. Ich kann dir versichern, dass meine noch größer sind.»

In unmittelbare Nähe zur Nummer 1 kommt Gottfried Wilhelm Leibniz. Er war eines der großen Universalgenies des 17. Jahrhunderts, einer der größten Philosophen aller Zeiten und hat auch in der Mathematik Bahnbrechendes geleistet. Er hat gleichzeitig mit Newton die Infinitesimalrechnung erfunden, er war einer der Ersten, der das Binärsystem propagierte, und auch eine der ersten Rechenmaschinen stammt von ihm.

Die klare Nummer 1 der deutschen Mathematiker ist aber der «princeps mathematicorum», der Fürst der Mathematik, Carl Friedrich Gauß. Gauß, der von 1777 bis 1855 lebte, verblüffte als kleiner Schüler seinen Lehrer, als er blitzschnell die Zahlen bis 100 addierte, er leistete schon als Jüngling Sensationelles, zum Beispiel die Konstruktion des regulären 17-Ecks. Gauß wirkte auf allen Gebieten der Mathematik: Er entwickelte ein Verfahren zur Lösung von Gleichungssystemen, er hat die Zahlentheorie revolutioniert, er hat die Standardnormalverteilung erfunden, ein unverzichtbares Werkzeug der Statistik, er wusste schon, dass es nichteuklidische Geometrie gibt (war aber zu ängstlich, seine Erkenntnisse dazu zu veröffentlichen). Daneben arbeitete er mit fast gleicher Intensität auf den Gebieten der Astronomie, der Geodäsie und der Physik. Alle heutigen Mathematiker bauen auf den Erkenntnissen und Methoden von Gauß auf.

Die härteste Konkurrenz um die Nummer 1 der deutschen Mathematiker könnte Leonhard Euler sein. Der kommt aber für Platz 1 nicht in Frage, weil er ein Schweizer war.

85
Sind Frauen mathematisch unbegabt?

Diejenigen, die diese Frage mit Ja beantworten, die also glauben, Frauen seien grundsätzlich mathematisch weniger begabt als Männer, werden historisch argumentieren:

1. Wenn man die berühmtesten Mathematiker aufzählt, etwa Archimedes, Euler, Gauß, Pythagoras, dann findet sich darunter keine einzige Mathematikerin.

2. Unter den Trägern der Fields-Medaille, des Äquivalents des Nobelpreises für Mathematik, gibt es bislang keine Frau.

3. Unter den Mathematikprofessoren in Deutschland bilden die Frauen nach wie vor eine kleine Minderheit.

Andere empören sich und sagen: Blöde Frage! Und argumentieren mit der heutigen Realität: Wenn man die Leistungskurse Mathematik anschaut, sieht man mehr Schülerinnen als Schüler. An den Unis gibt es mindestens ebenso viele Mathematikstudentinnen wie -studenten, Und in den Lehrerzimmern werden – auch in Mathematik – demnächst mehr Frauen als Männer sein.

Und es gab immer hochbegabte Mathematikerinnen: Hypathia schon in der Antike, Sonja Kowalewskaja im 19. Jahrhundert, Emmy Noether im 20. Jahrhundert – und das, obwohl Frauen damals nicht oder nur unter größten Schwierigkeiten studieren und erst recht keine Doktorarbeit schreiben durften.

Wenn es noch eines Beweises bedurft hätte, dann wurde dieser bei der Internationalen Mathematik-Olympiade 2009 erbracht. Eine herausragende Teilnehmerin war die 16-jährige deutsche Schülerin Lisa Sauermann. Sie knackte auch die schwierigsten Aufgaben und errang mit 41 von 42 möglichen Punkten eine hervorragende Goldmedaille.

Frauen und Männer sind gleich begabt in Mathematik. Das hat inzwischen auch die Wissenschaft festgestellt. Ob sie sich für Mathematik interessieren, liegt an anderen Faktoren.

Als Ausrede – nach dem Motto «Als Mädchen bin ich mathematisch unbegabt, also nützt auch Lernen nichts» –, als solche Ausrede taugt das Vorurteil überhaupt nicht. Am schlimmsten finde ich es, wenn die Mutter die Tochter tröstet: «Ich hab's auch nie verstanden!» Dann fühlen die beiden sich zwar wohl, aber das Problem wurde nicht gelöst, sondern verschärft.

86
Warum gibt es keinen Nobelpreis für Mathematik?

Die Legende sagt, dass der damals bekannteste schwedische Mathematiker, Gösta Mittag-Leffler (1846–1927), ein Verhältnis mit Alfred Nobels Frau hatte und dass Nobel deswegen – sozusagen aus Rache – in seinem Testament keinen Nobelpreis für Mathematik vorsah. Gegen diese Legende spricht, dass Alfred Nobel nie verheiratet war und es also auch keine Ehefrau gab, die ihn hätte betrügen können.

Hatte Nobel wenigstens eine Geliebte, die nebenbei noch etwas mit einem Mathematiker hatte? Ja, Nobel war lange Zeit mit der Wienerin Sophie Hess liiert. Aber es gibt keinerlei Beleg dafür, dass Mittag-Leffler Sophie Hess gekannt hätte.

Also: schöne Geschichten, aber leider falsch. Die Wahrheit liegt wohl eher darin, dass Nobel die Mathematik nicht für eines der zentralen Zukunftsfelder der Menschheit gehalten hat und deshalb seine Preise nur für Physik, Chemie, Medizin, Literatur und Friedensbemühungen gestiftet hat.

Außerdem gibt es den Preis für Wirtschaftswissenschaften der schwedischen Reichsbank in Gedenken an Alfred Nobel, der also kein Nobelpreis im engsten Sinne ist. Diesen Preis haben auch schon Mathematiker erhalten, etwa 1994 der Deutsche Reinhard Selten sowie John Nash, der durch den Film *A beautiful mind* zur Legende wurde.

Es gibt aber auch Preise für Mathematiker. Seit 1936 werden die Fields-Medaillen verliehen, die zwar im Vergleich zum Nobelpreis fast kein Preisgeld beinhalten, aber viel schwerer zu bekommen und daher im Grunde wertvoller sind. Denn bislang wurden lediglich alle vier Jahre jeweils maximal vier Medaillen vergeben, also weniger als eine pro Jahr. Außerdem darf man zum Zeitpunkt der Auszeichnung nicht älter als 40 Jahre alt sein. Man muss also schon in jungen Jahren etwas Bedeutendes geleistet haben – und die anderen müssen es gemerkt und anerkannt haben.

Seit 2003 gibt es zusätzlich den nach dem norwegischen Mathematiker Niels Henrik Abel benannten Abelpreis, der hoch dotiert ist und in Anwesenheit des norwegischen Königs für ein Lebenswerk verliehen wird. Der Abelpreis ist somit ein echtes Äquivalent zum Nobelpreis.

87
Was ist Hilberts Hotel?

Im Unendlichen ist vieles möglich, viel mehr als im Endlichen. Im Unendlichen ist alles möglich, was nicht von vornherein zum Scheitern verurteilt ist. Eine wunderbare Illustration dafür ist das von David Hilbert erdachte Hotel mit unendlich vielen Zimmern.

In einem Hotel mit endlich vielen Zimmern, also einem

üblichen Hotel, kann es passieren, dass alle Zimmer belegt sind. Für einen dann noch eintreffenden Gast gibt es kein Unterkommen mehr.

Ganz anders im Unendlichen. Stellen wir uns ein Hotel, eben «Hilberts Hotel», vor, das unendlich viele Zimmer besitzt. Diese tragen die Nummern 1, 2, 3, ... Jedes dieser Zimmer ist mit einem Gast belegt. Nun kommt ein neuer Gast und begehrt Einlass. «Kein Problem», sagt der junge Mann an der Rezeption, «nur einen Augenblick.» Er bittet den Gast aus Zimmer 1, in Zimmer 2 zu gehen, den Gast aus Zimmer 2 in Zimmer 3, den aus Zimmer 3 in Zimmer 4 und so weiter. Schließlich hat jeder Gast ein Zimmer, und das erste Zimmer ist frei, und hier kann nun der neue Gast einziehen. Mathematisch kurz könnte man dieses Phänomen durch die Gleichung $\infty+1=\infty$ ausdrücken.

Klar, dass mit derselben Methode auch noch ein weiterer Gast unterzubringen ist, ja jede endliche Menge von neuen Gästen. Also gilt auch $\infty+2=\infty$, $\infty+3=\infty$ und so weiter.

Nun stehen aber, unglaublich, aber wahr, (abzählbar) unendlich viele Gäste vor der Tür. Auch hier hat der junge Mann an der Rezeption eine Idee: Er bittet den Gast aus Zimmer 1 in Zimmer 2, den aus Zimmer 2 in Zimmer 4, den aus Zimmer 3 in Zimmer 6 und so weiter; dann sind nur die Zimmer mit gerader Nummer belegt – und die unendlich vielen Neuankömmlinge können die Zimmer mit den ungeraden Nummern beziehen. Dies zeigt $\infty+\infty=\infty$.

Mir gefällt eine andere Version noch besser; man kann nämlich nicht nur die Übernachtungsmöglichkeiten vermehren, sondern auch das Geld! Stellen Sie sich vor, es würde unendlich viele Menschen geben: Nummer 1, Nummer 2, Nummer 3 und so weiter. Diese stehen alle in einer Reihe hintereinander, und jeder hat einen Euro in der Hand. Sie stehen vor der ganzen Reihe und halten nur Ihre Hand auf. Der Erste gibt

Ihnen seinen Euro, erhält aber von seinem Hintermann wieder einen. Dieser erhält von der Person hinter ihm wieder einen Euro und so weiter. Jeder hat einen Euro, aber Sie haben auch einen! (Es gilt $\infty-1=\infty$.) Natürlich setzen Sie das Spiel fort, halten die Hand auf und erhalten einen zweiten Euro. Und so weiter: Sie werden steinreich, ohne dass jemand dadurch weniger Geld hat: ein echtes Wunder der Unendlichkeit.

88
Brauchen Mathematiker Intuition und Fantasie?

In der Öffentlichkeit werden Mathematiker nicht als besonders kreative Menschen gesehen, sie haben bestenfalls ein Buchhalterimage. Hans Magnus Enzensberger beschreibt sie in seinem Gedicht «Die Mathematiker» so:

> *Dann, mit vierzig, sitzt ihr,*
> *o Theologen ohne Jehova,*
> *haarlos und höhenkrank*
> *in verwitterten Anzügen*
> *vor dem leeren Schreibtisch,*
> *ausgebrannt, o Fibonacci,*
> *o Kummer, o Gödel, o Mandelbrot,*
> *im Fegefeuer der Rekursion.*

Wenn man Mathematiker fragt, ist die Antwort eine völlig andere. Sie sehen sich überraschenderweise viel mehr als Künstler, die Inspiration brauchen, denn als Beamte, die Zahlen verwalten.

Felix Klein (1849–1925), der Begründer der Didaktik in Deutschland, sieht die Geschichte der Mathematik so: «In gewisser Weise wurde Mathematik am meisten durch jene vorangebracht, die sich durch eine gute Intuition auszeichnen.» Wesentlich deutlicher formuliert der englische Zahlentheoretiker Godfrey H. Hardy (1877–1947): «Mich interessiert Mathematik nur als kreative Kunst.» Jacques Hadamard (1865–1963) sieht diesen Aspekt komplementär zum formalen Vorgehen: «Der Zweck mathematischer Strenge ist, die Eroberungen der Intuition durch die Autorität der Logik zu bestätigen.» Ähnlich sagt es Henri Poincaré (1854–1912): «Durch Wissenschaft beweisen wir, aber durch die Intuition entdecken wir.»

In der Tat ist es so, dass jede mathematische Erkenntnis, ein neuer Satz oder ein neuer Beweis, zunächst eine kreative Leistung ist. Bei ihrer schöpferischen Arbeit sind Mathematiker wie andere Künstler: Die einen können schon morgens, andere arbeiten beamtenmäßig von 9 bis 17 Uhr, bei manchen klappt's nur nachts. Manche grübeln stundenlang vor einer Tafel, schreiben Formeln und zeichnen Bildchen, die sie auf den richtigen Weg führen sollen, andere sitzen geduldig am Schreibtisch und rechnen Beispiel um Beispiel, um irgendwann die richtige Idee zu bekommen, und wieder andere gehen einfach spazieren und hoffen, dabei klarzusehen. Viele trinken literweise Kaffee, einige glauben, mit Alkohol die richtige Lockerheit zu bekommen. Und alle hoffen auf den richtigen Gedanken, die treffende Einsicht, den Schlüssel zum Geheimnis.

Allerdings muss alles, was im schöpferischen Rausch, in der blitzartigen Einsicht erahnt wurde, anschließend logisch überprüft und einwandfrei kontrolliert werden. Das ist die Kärrnerarbeit. Beim Lesen einer mathematischen Arbeit wird einem nur dieser nüchterne und sichere Rückweg präsentiert. Nur selten erzählt jemand von dem Abenteuer auf dem Hinweg. Eigentlich schade.

Für die geistigen Höhenflüge ist nach Meinung vieler Mathematiker Fantasie notwendig. So schreibt Sofja Kowalewskaja (1850–1891), die große Mathematikerin des 19. Jahrhunderts: «Viele von denen, die die Gelegenheit hatten, etwas mehr über Mathematik zu erfahren, verwechseln sie mit der Arithmetik und halten sie für eine trockene Wissenschaft. Tatsächlich ist Mathematik aber eine Wissenschaft, die sehr viel Fantasie erfordert.» Georg Cantor (1845–1918) beschreibt das gleiche Phänomen nüchterner: «In der Mathematik muss die Kunst, eine Frage zu stellen, höher bewertet werden als die Kunst, diese Frage zu lösen.»

Am pointiertesten ist wieder mal David Hilbert (1862–1943). Über einen ehemaligen Assistenten, der Dichter (!) geworden war, urteilte er kühl: «Für die Mathematik hat ihm ohnedies die Fantasie gefehlt.»

Lehren und lernen

89
Warum muss man Mathematik lernen?

Darauf gibt es mindestens drei Antworten.

1. Antwort: Wir brauchen Mathematik in unserem Alltag. Wir müssen wissen, wie viel Speicherplatz auf unserem USB-Stick noch frei ist, beim Einkaufen müssen wir den Kassenbon mindestens grob überschlagen können, und beim Einparken ist Raumvorstellung gefragt. Allerdings braucht man dazu nur vergleichsweise wenig Mathematik. Im Jahr 1995 hat der Pädagoge und Didaktiker Hans Werner Heymann in seiner Habilitationsschrift diese Frage systematisch untersucht und kam zu radikalen Ergebnissen, die von der *Bild*-Zeitung zugespitzt zitiert wurden als «Sieben Jahre Mathematik sind genug».

Diese erste Antwort greift aber in mindestens zwei Aspekten zu kurz.

Deshalb meine 2. Antwort: In Mathematik lernen wir in mustergültiger Weise, was es heißt, Probleme zu lösen. Wir lernen, das Wesentliche vom Unwesentlichen zu unterscheiden, den Kern des Problems herauszuarbeiten, diesen zu bearbeiten und schließlich zu kontrollieren, ob überhaupt und wie gut die erhaltene Lösung das Problem löst.

Und meine 3. Antwort lautet: Mathematik hilft uns, die Welt zu sehen, ja sie ermöglicht uns, Schönheiten der Welt zu entdecken. Denken Sie zum Beispiel an den Begriff der

Symmetrie. Wer diesen richtig verstanden hat, sieht in der Welt viele symmetrische Objekte und übrigens auch viele unsymmetrische Objekte. Wer das regelmäßige Fortschreiten beim Zählen verinnerlicht hat, der wird ähnliche Strukturen in der Welt entdecken, vom Zebrastreifen über aufgestapelte Teller bis zu ineinandergeschobenen Einkaufswagen. Und nur wer verstanden hat, was eine Ableitung ist, kann mit dem Satz «Der Abschwung hat sich in den letzten Wochen verlangsamt» etwas anfangen.

90
Warum macht Mathematik Angst?

Mit keinem anderen Schulfach wird der Begriff «Angst» so häufig assoziiert wie mit der Mathematik. Viele Menschen können über demütigende Erlebnisse berichten: Sie stehen vorne vor der Tafel, wissen nichts mehr und fühlen sich total blamiert. Im Jahr 1974 widmete der *Spiegel* sogar eine Titelgeschichte der Frage: «Macht Mengenlehre krank?» Schlimm ist, dass für viele Menschen dies die dominierenden Erinnerungen an den Mathematikunterricht sind!

Woran liegt das? Es gibt, soweit ich sehe, zwei Gründe. Der erste liegt in der Mathematik selbst.

In der Mathematik geht es um richtig oder falsch. Und das ist gut so. Denn in keiner anderen Wissenschaft sind die akzeptierten Aussagen so stichhaltig begründet wie in der Mathematik. Was einmal bewiesen ist, ist für alle Zeiten bewiesen. Und was nicht oder noch nicht bewiesen ist, akzeptieren Mathematiker nicht als «Satz».

Dieser an sich sehr positive Aspekt hat eine negative Seite. Die Grenze zwischen richtig und falsch ist extrem scharf. Damit eine Aussage Gültigkeit hat, muss sie hundertprozentig begründet sein. Es reicht nicht zu sagen: «Die meisten

Argumente habe ich zusammen, also wird's schon stimmen.»
Oder: «Ich habe noch kein Argument gefunden, das dagegen spricht.» In diesem Sinne ist die Mathematik unbarmherzig. Dies liegt in der Wissenschaft selbst begründet.

Es gibt aber, insbesondere in der Schule, noch ein Missverständnis. Denn weil es in der Mathematik mit radikaler Schärfe um richtig oder falsch geht, gerät der Lehrer in Gefahr, zum Herr über richtig und falsch zu werden. Das muss er nicht einmal subjektiv wollen, er kann auch in diese Rolle gedrängt werden. Es passiert jedenfalls häufig, denn wie oft hören wir: «Die Aufgabe ist richtig oder falsch gelöst, weil die Lehrerin oder der Lehrer das so sagt.»
   Herr über richtig und falsch zu sein bedeutet, Macht zu haben und auszuüben. Und Machtausübung in Lernprozessen führt fast zwangsläufig zu einem Klima der Angst. Und Angst ist ein Mechanismus, der Lernen garantiert blockiert.

91
Warum ist Mathematik so schwierig?

Zunächst einmal: Ja, Mathematik ist schwierig! Aber warum?
   Eine oberflächliche Antwort wäre: Es wird einem immer wieder gesagt, dass Mathematik schwierig sei. Das Erste, was man von Mathematik erfährt, ist, dass sie schwierig ist. Bevor ich mich mit den mathematischen Inhalten beschäftigen kann, wird mir von allen Seiten eingeflüstert: Mathe ist schwer!

Ich bin allerdings überzeugt, dass Mathematik auch objektiv schwierig ist. Und dafür gibt es mindestens zwei Gründe.
   Dem ersten kommen wir auf die Spur, wenn wir uns anhören, was diejenigen, die Mathematik können, über die sagen,

die Schwierigkeiten mit Mathematik haben. Über die heißt es: «Die können nicht logisch denken!»

Mathematische Argumentation beruht in der Tat auf logischen Schlüssen, und zwar nur auf solchen. Da sich Logik immer nur auf Objekte mit klar definierten Eigenschaften beziehen kann, ist Mathematik notgedrungen mehr oder weniger weit entfernt von den realen Dingen. Manchmal ist sie weit weg davon. Mathematiker finden das gut. Weil sie sich auf die wesentlichen Eigenschaften der Objekte konzentrieren und alles Unnötige weglassen.

Diese Herausarbeitung der richtigen Begriffe, der effizienten Verfahren und der passenden Notation ist mitunter eine Errungenschaft, an der jahrhundertelang gearbeitet wurde.

Dazu gehört die Erfindung von Variablen: Man muss dann nicht sagen, es funktioniert mit Beispiel A und Beispiel B, sondern kann es allgemein sagen und sozusagen alle unendlich vielen möglichen Beispiele «auf einen Schlag» erfassen.

Dazu gehören auch Formeln. In einer Formel ist mathematisches Wissen in konzentriertester Form enthalten. Umgekehrt kann man aus einer Formel auch unglaublich viel «herausholen».

Schwierig ist diese Methode, weil man sich auf die Logik beziehungsweise allgemein auf die mathematische Sprache einlassen und sich auf sie verlassen muss.

Die zweite Antwort lautet: Mathematik ist in viel höherem Maße als alle anderen Wissenschaften systematisch aufgebaut. In höheren Klassen oder Semestern braucht man das, was man vorher gelernt hat. Man kann nicht Stochastik machen, ohne Bruchrechnung zu können. Abgesehen davon, dass Mathematik lokal schwierig ist, muss man auch in großen Zusammenhängen denken und eigentlich immer alles im Kopf haben. In diesem Sinne ist Mathematik eine Wissenschaft, die eine enorme Konzentration erfordert.

92
Müssen Formeln sein?

Die mathematische Sprache mit ihren Formeln, Gleichungen, Symbolen ist kein Unterdrückungsinstrument, das uns zeigt, wie klein und dumm wir sind. Sie ist auch kein Folterinstrument, das perverse Lehrerinnen und Lehrer einsetzen, um ihre Schülerinnen und Schüler zu disziplinieren.

Im Gegenteil: Die mathematische Sprache ist eine der großartigsten Leistungen der menschlichen Kultur. Sie ist ein Präzisionsinstrument, mit dem man die feinsten Verästelungen menschlichen Denkens erfassen und nachvollziehen kann.

Zugegeben, sie ist ein Musterbeispiel an Konzentration von Wissen. Jede Formel besitzt ein unglaubliches Potenzial, das entfaltet werden muss. Das ist so wie ein Tropfen Tabasco. Als solcher praktisch ungenießbar, enthält er aber alles und kann die verschiedensten Speisen veredeln.

Die Formel, die wir alle im Kopf haben, ist die sogenannte binomische Formel. Sie wissen schon: $(a+b)^2$. Nein, das ist noch nicht die ganze Formel, sondern nur ihre linke Hälfte. Und die hat für sich noch keinerlei Erkenntniswert. Insgesamt lautet die Formel $(a+b)^2=a^2+2ab+b^2$.

Für a und b kann man beliebige Zahlen einsetzen, und dann stimmt das. Dies ist fantastisch: Die Gleichung gilt für alle Zahlen, zum Beispiel für a=2, b=3. Dann ist die linke Seite, also $(a+b)^2$, gleich $(2+3)^2$, das heißt 5^2, also 25. Die rechte Seite, also $a^2+2ab+b^2$, ist $2^2+2\times2\times3+3^2$, und das ist 4+12+9, also auch 25. Tatsächlich ist die linke Seite gleich der rechten Seite. Das ist immer so. Egal, welche Zahlen man einsetzt, große, kleine, positive, negative, ganze Zahlen oder Kommazahlen. Es stimmt immer.

Meist liest man eine solche Gleichung von links nach

rechts. Das heißt, links steht etwas, was man gerne wissen möchte, und rechts steht eine Methode, mit der sich das ausrechnen lässt. Zum Beispiel könnten wir 999^2 ausrechnen wollen. Wie können wir die Formel anwenden, oder, anders gefragt, was ist a und was ist b? Was hier einfach zu sein scheint, ist oft ein Teil der mathematischen Genialität. Hier bieten sich a=1000 und b=−1 an. Dann ist die linke Seite in der Tat 1000−1 in Klammern zum Quadrat, also das, was wir wollen. Die rechte Seite zeigt uns, wie man das ausrechnen kann: a^2, also 1000^2, das heißt eine Million, 2ab, also 2 mal 1000 mal −1, also −2000, und b^2, also $(-1)^2$, was nur 1 ist. Zusammen 1 000 000 minus 2000 plus 1, also 998 001. Einfacher geht's nicht.

93
Gibt es einen «Königsweg» zur Mathematik?

Etwa 300 v. Chr. lebte der Mathematiker Euklid in Alexandria, im Norden Ägyptens, in der Nähe des heutigen Kairo. Alexandria war die Wissenschaftshauptstadt der damaligen Welt, und Euklid war derjenige, der die gesamte Mathematik seiner Zeit überblickte und sie systematisch darstellte, einer der größten Mathematiker aller Zeiten.

Eine Anekdote erzählt, dass der Pharao Ptolemaios I. einmal Euklid fragte, ob es nicht einen bequemeren Weg zur Geometrie gebe als das systematische Durcharbeiten von Anfang bis Ende. Der Pharao wünschte für sich einen speziellen Weg, sozusagen «die ganze Mathematik in einem Tag» oder, wie wir heute sagen würden, «Mathematik für Dummies». Euklid antwortete mutig, aber wahrheitsgemäß, dass es zur Geometrie keinen Königsweg gebe. Auch für einen Pharao gilt: Man lernt Geometrie nur dadurch, dass man sie macht. Auch ein Pharao muss sich wie jeder andere Mensch bemühen, wenn er die Mathematik verstehen will – oder er versteht sie eben nicht.

Vor der Mathematik sind alle gleich. In diesem Sinne ist Mathematik etwas sehr Demokratisches. Nicht so, dass jeder mitmachen kann, sondern in dem Sinne, dass Mathematik der Ernstfall ist, in dem man sich schlicht bewähren muss: Ob jemand reich oder arm, Mann oder Frau, jung oder alt, angesehen oder verachtet ist, zählt alles nicht.

Ganz so unbarmherzig ist die Mathematik aber nicht. Man kann die Mathematik als ein großes Gebirge mit vielen schwierigen und schwierigsten Touren ansehen. Erste Schritte und bequeme Einstiege sind indes sowohl im Gebirge als auch in der Mathematik möglich. Man kann Rundflüge unternehmen und Ansichtspostkarten kaufen. Aber zu Recht sagen diejenigen, die die Gipfel erklommen haben: Eine Postkarte kann weder die Strapazen noch die Wonnen einer Gipfelbesteigung wiedergeben!

94
Warum ist Mathematik so schwer zu lernen?

Man kann sich der Mathematik auf zwei Weisen nähern, nämlich durch Auswendiglernen oder durch Denken. Beides ist schwierig.

Man kann einerseits so vorgehen, wie viele Schülerinnen und Schüler dies gerne machen: Man lernt die Verfahren, die Formeln, die Aufgaben auswendig und versucht dann, das Auswendiggelernte in den Klausuren anzubringen. Dieser Weg ist mühsam, gefährlich und unbefriedigend. Mühsam, weil man die Formeln ohne Sinn und Verstand auswendig lernt wie ein chinesisches Gedicht. Gefährlich, weil man furchtbar leicht danebentappt: Man versucht es mit der falschen Formel, man vergisst ein kleines, aber entscheidendes Teil, oder man setzt eine Zahl falsch ein – und schon ist alles falsch. Unbefriedigend ist diese Methode, weil man trotz enormem Aufwand beim Auswendiglernen kaum kalkulierbare Erfolgserlebnisse hat. Letztlich herrscht ein sehr unsicheres Verhältnis von Aufwand und Wirkung.

Man könnte aber auch ganz anders vorgehen und versuchen, die mathematischen Verfahren zu verstehen. Dies bedeutet zu überlegen, nachzudenken und seinen Verstand einzusetzen. Es ist ebenfalls mühsam, aber Erfolg versprechend und außerordentlich befriedigend. Bei dieser Methode ist der Erfolg viel sicherer. Denn hat man etwas verstanden, können keine «dummen Fehler» passieren. Teile einer Formel werden nicht «vergessen», wenn man verstanden hat, dass diese dazugehören müssen. Befriedigend ist diese Methode nicht nur, weil man mehr Erfolge hat, sondern auch deswegen, weil man diese Erfolge selbst erzielt und sie nicht nur Zufallstreffer sind, weil man Glück gehabt hat.

Merke, was der große Mathematiker Carl Friedrich Gauß sagt: «Es ist nicht das Wissen, sondern das Lernen, nicht das Besitzen, sondern das Erwerben, nicht das Dasein, sondern das Hinkommen, was den größten Genuss gewährt.»

Mathematik ist eine kulturelle Errungenschaft, deren Erlernen sich gut mit dem Lernen der Muttersprache vergleichen lässt. Sprechen lernt man, indem man mit Menschen spricht, die schon sprechen können. Entsprechend lernt man Mathematik, indem man Mathematik macht mit Menschen, die das schon können. Man könnte sich vorstellen, dass dies so unkompliziert und lustbetont erfolgt wie das Sprechenlernen, bei dem man sich der zugrunde liegenden Strukturen (Grammatik etc.) erst dann bewusst wird, wenn man schon fehlerfrei sprechen kann. Die Tradition des Mathematiklernens ist eine andere. Mathematiklehrerinnen und -lehrer haben zunächst nicht das Ziel, mit ihren Schülerinnen und Schülern gemeinsam Mathematik zu machen, sondern sie müssen ihnen etwas «beibringen».

Daneben und darüber hinaus

95
Ist 13 eine Unglückszahl?

Kein ICE führt einen Wagen mit der Nummer 13, in vielen Hotels fehlt die Zimmernummer 13, in manchen Hochhäusern gibt es kein 13. Stockwerk, im Theater sucht man die Reihe 13 vergebens.

Für die Angst vor der 13 gibt es keine «objektiven» Gründe: Materialermüdung, Feuer, defekte Aufzüge usw. kümmern sich überhaupt nicht darum, ob außen die Zahl 13 steht oder irgendeine andere Zahl. Es gibt keinerlei Grund, Angst vor der Zahl 13 zu haben.

Dennoch haben Menschen Angst vor dieser «Unglückszahl» oder versuchen jedenfalls, sie zu vermeiden. Hotels tun gut daran, auf die Zimmernummer 13 zu verzichten, denn sie ersparen sich unendliche Diskussionen an der Rezeption.

Mathematisch ist die Zahl 13 durchaus etwas Besonderes. Das liegt daran, dass sie auf die Zahl 12 folgt und diese in geradezu dramatischer Weise kontrastiert.

Die Zahl 12 ist aufgrund ihrer hervorragenden Teilbarkeitseigenschaften (man kann sie durch 2, 3, 4 und 6 ohne Rest teilen!) eine besonders «runde» und «abgeschlossene» Zahl. Nicht zufällig gibt es in vielen Sprachen eine spezielle Bezeichnung für «Zwölfheiten»: im Deutschen ein «Dutzend». Die Stämme Israels, die Jünger Jesu, die Monate des Jahres: Alles kommt in Zwölferzahl. Das ist die richtige Zahl, nicht zu wenig, nicht zu viel. Es stimmt genau.

Die Zahl 13 sprengt diese Vollkommenheit. Sie ist eine ausgesprochen unangepasste, widerspenstige Zahl. Dazu passt, dass sie eine Primzahl ist. Bei 13 Dingen spricht man von einem Teufelsdutzend.

Als Ursprung der Unglückszahl 13 wird oft das letzte Abendmahl genannt, bei dem Judas, der Verräter, die 13. Person war.

Dass der Zahl 13 schlechte Eigenschaften zugesprochen werden, ist aber erst seit dem späten 19. Jahrhundert nachweisbar. Klar: Wer nach negativen, schlimmen, dramatischen Ereignissen sucht, die mit 13 zu tun haben, wird solche finden: Spektakulär ist die Beinahe-Katastrophe von Apollo 13, die um 13 Uhr 13 startete und am 13. April 1970 die legendären Worte aussandte: «Houston, we have a problem.»

Bei alldem wird natürlich ausgeblendet, dass es auch viele dramatische und unglückliche Ereignisse gibt, die nichts mit 13 zu tun haben. Zum Beispiel wird der Börsenkrach 1929, der Höhepunkt und Auslöser der Weltwirtschaftskrise war, oft als «Schwarzer Freitag» bezeichnet. Es war aber kein Freitag, sondern ein Donnerstag, nämlich der 24. Oktober 1929. Und mit 13 hat dieses Datum gar nichts zu tun.

96
Haben Zahlen eine Bedeutung?

Im Griechischen und im Hebräischen gibt es keine separaten Zahlzeichen, man benutzte für Zahlen einfach Buchstaben des Alphabets. Umgekehrt hatte damit auch jeder Buchstabe einen numerischen Wert. Man konnte Wörter auch als Zahlenfolgen lesen, diese Zahlen beispielsweise addieren und so jedem Wort eine Zahl zuordnen.

Infolgedessen lag die Versuchung nahe, die Zahlenwerte

von Buchstaben und Wörtern zum Aufspüren der vermeintlich verborgenen Bedeutung eines Wortes zu verwenden. Allgemein spricht man von «Numerologie» oder Zahlenmystik; dort herrscht die Überzeugung, dass Zahlen über ihre mathematische Bedeutung hinaus uns noch etwas zu sagen haben.

Ein spezieller Zweig der Numerologie ist die «Gematrie». Dieser liegt die Zuordnung von Buchstaben und Zahlen zugrunde. Die einfachste Art und Weise einer Zuordnung besteht darin, die Buchstaben durchzunummerieren (A=1, B=2, ..., Z=26). Davon ausgehend, lassen sich Wörtern Zahlenwerte zuordnen, indem man die Werte der Buchstaben addiert. Zum Beispiel würde Mathematik den Wert 101 bekommen (M+A+T+H+E+M+A+T+I+K=13+1+20+8+5+13+1+20+9+11=101).

In der jüdischen Theologie spielt die Gematrie eine wichtige Rolle, ja man kann sagen, dass die Korrespondenz von Begriffen und Zahlen eine eigene Interpretationsmacht entfaltete.

Zum Beispiel konnten Zahlen in der Bibel gematrisch gedeutet werden. Im 1. Buch Mose (Kapitel 14, Vers 14) wird berichtet, dass Abraham mit seinen Knechten loszog, um seinen Bruder zu befreien. Genauer wird von dreihundertachtzehn Knechten gesprochen. Da diese Zahl hier zum ersten Mal in der Bibel auftritt, muss sie erklärt werden. Tatsächlich ist es so, dass der Verwalter von Abrahams Haushalt Elieser heißt, und dieses Wort hat in hebräischer Sprache den gematrischen Wert 318.

Gleiche Zahlenwerte zeigen einen inneren Zusammenhang. Dies wurde offenbar auch in die allgemeine rabbinische Lehre aufgenommen. So wurde zum Beispiel argumentiert, dass das Sprichwort «Wein hinein, Geheimnis heraus» nicht nur durch empirische Beobachtungen verifiziert werden kann, sondern auch deswegen wahr ist, weil die beiden Hauptwörter, Wein und Geheimnis, in hebräischer Sprache den gleichen gematrischen Wert haben.

Bei den heutigen Numerologen erfreut sich die Zahl 666 besonderer Beliebtheit. Dies liegt daran, dass es im Neuen Testament, in der Offenbarung des Johannes, eine Stelle (Kapitel 13, Vers 18) gibt, die schon durch ihre Unverständlichkeit fasziniert: «Wer Verstand hat, der überlege die Zahl des Tiers; denn es ist eines Menschen Zahl, und seine Zahl ist sechshundertsechsundsechzig.»

Die meisten (in der Regel nicht theologisch gebildeten) Interpreten sind überzeugt, dass die Zahl 666 die gematrische Zahl eines Namens ist. Natürlich geht das zumeist nicht auf, wenn man mit A=1 beginnt. Aber man kann ja mit anderen Zahlen beginnen: Mit A=100, B=101 usw. erhält Hitler die Zahl 666 (H+I+T+L+E+R=107+108+119+111+104+117= 666). Von manchen wird dieses Ergebnis als «Beweis» dafür angesehen, dass Hitler und seine Untaten schon in der Bibel vorhergesagt sind.

Diese Interpretation führt sich aber selbst ad absurdum, weil sich unter Verwendung geeigneter Ad-hoc-Tricks die Zahl 666 auch Kaiser Nero, Martin Luther, Bill Gates und dem jeweiligen Papst zuordnen lässt. Sie können das auch selbst ausprobieren. Zum Beispiel kann man mit dem Alphabet, mit dem Hitler als 666 erkannt wurde, auch «beweisen», dass 666=HUMBUG ist (H+U+M+B+U+G=107+120+112+ 101+120+106=666).

97
Können Tiere zählen?

Vor etwa hundert Jahren machte der «kluge Hans» von sich reden. Hans war ein Pferd, dass angeblich rechnen konnte: zählen, addieren, subtrahieren. Der kluge Hans beantwortete Fragen seines Lehrer Wilhelm von Osten durch Klopfen eines Hufes beziehungsweise durch Nicken oder Schütteln seines Kopfes. Schließlich stellte sich im Jahr 1911 heraus, dass das Pferd nicht rechnen konnte, dafür aber in der Lage war, feinste Nuancen im Gesichtsausdruck und in der Körpersprache seines menschlichen Gegenübers aufzunehmen. Der kluge Hans war so sensibel, dass er die kaum merkliche Entspannung des Fragestellers beim Nennen der richtigen Antwort wahrnahm und darauf reagierte.

Rechnen konnte der kluge Hans nicht, aber ein Zahlenverständnis kann man vielen Tieren nicht absprechen.

Man trainierte zum Beispiel Ratten, eine bestimmte Anzahl von Hebelbewegungen (4, 8, 16 oder 64) vorzunehmen. Dabei stellte sich heraus, dass die Tiere zwar nicht immer die exakte Anzahl trafen (weil sie eben nicht zählten, sondern mit der «Vorstellung» der entsprechenden Zahl arbeiteten). Aber im Grunde erfassten Ratten diese Zahlen gut. Die Abweichungen waren bei kleinen Zahlen gering (die Vier wurde fast immer getroffen), bei größeren Zahlen wurden sie größer und häufiger. Unternimmt man dasselbe Experiment mit Menschen, erhält man übrigens Ergebnisse mit ganz entsprechender Genauigkeit.

Auch Insekten haben einen – beschränkten – Zahlensinn. Zum Beispiel sind Bienen imstande, bis zu vier Objekte zu unterscheiden. Man konnte sie etwa darauf trainieren, immer durch ein mit drei Objekten gekennzeichnetes Loch zu fliegen – und nicht durch das Loch daneben, das durch eine andere Zahl von Objekten bestimmt war.

98
Welches ist die schönste Formel?

Im Jahr 1988 forderte die Zeitschrift *The Mathematical Intelligencer* ihre Leser auf, den ihrer Meinung nach schönsten Satz zu nennen. Diese Umfrage hatte einen klaren Sieger. Die Formel, die eindeutig den ersten Platz belegte, lautet:

$$e^{i\pi} = -1.$$

In Worten: e hoch i mal π gleich minus eins. Manche Mathematiker finden die folgende Form der Formel noch attraktiver:
$$e^{i\pi}+1=0.$$

Weshalb finden Mathematiker diese Formel schön?

Eine erste Antwort ist klar: In der Formel kommen die fünf wichtigsten Zahlen der Mathematik vor: 0, 1, die Kreiszahl π, die Euler'sche Zahl e und die imaginäre Einheit i. Das kann jeder nachvollziehen.

Wenn man aber fragt, was die Formel bedeutet oder, vorsichtiger, was der Ausdruck «e hoch iπ» überhaupt bedeuten soll, dann wird es schwierig.

Wir versuchen es ganz einfach: Die Zahl e ist etwa 2,718. Man kann sich gut vorstellen, was e^3 ist; das ist e mal e mal e, das gibt etwa 20. Und was ist e^π? Da π etwa gleich 3,14 ist, wird e^π ein bisschen größer als e^3 sein. Tatsächlich, der Taschenrechner sagt: e^π ist etwa 23,1. Aber wie kann man mit i potenzieren? Die Zahl i ist die imaginäre Einheit, sie ist die Wurzel aus −1, und schon das ist schwer vorzustellen. Und wie soll man eine Zahl mit Wurzel aus −1 potenzieren? Nun, dafür gibt es eine Formel. Die lautet so: Für jeden Winkel φ gilt $e^{i\varphi}=\cos(\varphi)+i\times\sin(\varphi)$. Was auf der rechten Seite des Gleichheitszeichens steht, macht Sinn. Denn cos(φ) und sin(φ) sind reelle Zahlen, also ist cos(φ)+i×sin(φ) eine bestimmte komplexe Zahl. Wenn man für das allgemeine φ das spezielle π einsetzt, ergibt die rechte Seite −1+i×0=−1. Also gilt tatsächlich $e^{i\pi}$=−1.

Ich fürchte, Ihnen geht es wie mir: Im Grunde erschließt sich die innere Schönheit dieser Formel nur für Insider. Die Reaktion der Nichtinitiierten schwankt zwischen unverstandener Bewunderung und verständnislosem Kopfschütteln.

Schauen wir auf Platz zwei der ewigen Schönheitsliste. Mit diesem Satz können wir uns leichter anfreunden. Es handelt sich ebenfalls um eine Formel, sie stammt gleichermaßen von Leonhard Euler, und auch in ihr kommen drei Buchstaben vor. Diese stehen aber nicht für bestimmte Zahlen, sondern sind Variablen. Die Formel lautet e−k+f=2. Das ist einfach: Wenn wir wissen, welchen Wert e, k und f haben, können wir die Zahl e−k+f ausrechnen und uns überzeugen, dass das Ergebnis gleich 2 ist.

Die Formel stammt aus der Geometrie, aus der räumlichen Geometrie, genauer gesagt, aus der Welt der «Polyeder». Deswegen heißt die Formel auch die «Euler'sche Polyederformel». Polyeder (Vielflächner) sind Körper wie der Würfel oder eine Pyramide, bei denen man Ecken, Kanten und Flächen unterscheiden kann. Die Kugel ist kein Polyeder, aber der klassische Schwarz-Weiß-Fußball schon. Bei einem Polyeder bezeichnet man mit e, k und f die Anzahlen der Ecken, Kanten und Flächen. Die Euler'sche Formel zeigt, dass diese Zahlen in einem ganz einfach auszudrückenden Zusammenhang stehen.

Der Würfel hat 8 Ecken, 12 Kanten und 6 Seitenflächen, und in der Tat gilt 8−12+6=2. Natürlich ist die Formel nicht nur dazu da zu bestätigen, was wir schon wissen, sondern vor allem, um auszurechnen, was wir noch nicht wissen.

Der klassische Fußball besteht aus Fünfecken und Sechsecken, und zwar aus 12 in der Regel schwarzen Fünfecken und 20 weißen Sechsecken, also ist f=32. Da jedes der 12 Fünfecke genau 5 Ecken hat und keine zwei Fünfecke eine Ecke gemeinsam haben, hat der Fußball genau 12 mal 5 gleich 60 Ecken, es ist also e=60. Wenn wir nun wissen wollen, wie viele Kanten der Fußball hat, brauchen wir die Euler'sche Formel nur umzustellen und erhalten k=e+f−2=90. Das ist viel einfacher zu berechnen, als die Kanten eines Fußballs zu zählen!

Wie jeder mathematische Satz hat auch die Euler'sche Polyederformel eine Voraussetzung. Sie gilt für alle konvexen Polyeder. Ein Körper ist «konvex», wenn er keine Einbuchtungen und keine herausstehenden Zacken hat. Weihnachtssterne sind nicht konvex. Auf nichtkonvexe Polyeder lässt sich die Euler'sche Polyederformel im Allgemeinen nicht anwenden, aber für jeden der unübersehbar vielen konvexen Polyeder gilt sie.

Nicht nur eine wunderschön einfache, sondern auch eine außerordentlich nützliche Formel!

99
Kann man die Existenz Gottes beweisen?

Ich glaube nicht. Aber es gab solche Versuche, und zwar von sehr prominenten Denkern.

Der Erste, der hier zu nennen ist, ist Anselm von Canterbury (1033–1109). Er argumentiert so: Gott ist das vollkommenste Wesen (Anselm sagt das sehr präzise: das Wesen, «worüber hinaus nichts Größeres gedacht werden kann»). Zur Vollkommenheit gehört die Existenz, denn ein Wesen ohne Existenz wäre nicht vollkommen. Also ist die Existenz ein Attribut Gottes. Also existiert Gott.

Man hat den Eindruck eines magischen Tricks: Einmal geblinzelt, und schon existiert Gott.

Man könnte dieselbe Argumentationslinie auch auf andere Objekte anwenden. Zum Beispiel auf den idealen Ehemann. Meine Frau könnte wie folgt argumentieren: «Der ideale Ehemann muss erstens meiner sein, denn wenn er eine andere gewählt hätte, wäre er definitiv nicht ideal. Und zweitens muss er existieren, weil er ohne Existenz nicht ideal wäre. Also habe ich den idealen Ehemann!» – Und dann würde sie mich anschauen, ihre Stirn runzeln und denken: «Irgendwas muss an dieser Argumentation falsch sein!»

Der Philosoph Immanuel Kant (1724–1804) hat das Problem klar gesehen und deutlich herausgearbeitet, dass «existieren» nicht eine Eigenschaft ist wie andere. Dass ein Objekt existiert, ist eine ganz andere Kategorie, als dass es groß, rot, schön, jung, rund oder Ähnliches ist.

Das hat weitreichende Konsequenzen. Seit dem Logiker Gotthold Frege (1848–1925) hat sich durchgesetzt, die Existenz eines mathematischen Objekts nicht als Eigenschaft zu führen, sondern durch einen Existenzquantor auszudrücken.

Ein weiteres, sehr interessantes Argument für die Existenz Gottes stammt von dem Mathematiker und Philosophen Blaise Pascal (1623–1662). Pascal hat die Wahrscheinlichkeitsrechnung begründet, indem er ein Problem löste, das am Spieltisch entstand. Und genau da spielt auch sein Gottesbeweis.

Ob Gott existiert oder nicht, weiß man nicht genau. Deshalb stellt Pascal folgende Frage: Wenn Sie wetten müssten, ob Gott existiert oder nicht, worauf sollten Sie setzen? Pascals Antwort ist klar: Setzen Sie, ohne zu zögern, darauf, dass es Gott gibt! Es begründet dies so: Wenn Gott existiert, haben Sie doppelten Gewinn – Sie haben die Wette gewonnen und sind geborgen in Gott. Wenn Gott nicht existiert, haben Sie nur die Wette verloren. Wer hingegen darauf wettet, dass

Gott nicht existiert, der würde im Falle der Existenz Gottes seine Wette verlieren und im Falle der Nichtexistenz Gottes gerade mal seine Wette gewinnen!

100
Werden mathematische Erkenntnisse entdeckt oder erfunden?

Viele Jahrhunderte lang hat sich diese Frage nicht gestellt. Denn die Aufgabe von Wissenschaftlern ist es, Entdeckungen zu machen: Geographen entdecken unbekannte Länder, Biologen suchen neue Tier- und Pflanzenarten, Chemiker entdecken neue Verbindungen. Und Mathematiker entdecken neue Objekte und deren Eigenschaften in den Gefilden der Geometrie und der Zahlen.

Es war allerdings auch klar, dass die mathematischen Objekte etwas Besonderes sind: Man kann sie nicht anfassen und ins Museum oder in den Zoo stellen, vielmehr handelt es sich um geistige Objekte, Objekte unserer Vorstellung und unseres Denkens.

Man nennt dies auch den «platonischen Standpunkt». Für den antiken Philosophen Platon (427–347 v. Chr.) war die Mathematik außerordentlich wichtig, denn sie war der Kronzeuge für seine Auffassung, dass hinter jedem sinnlich erfahrbaren Objekt ein ideales steht. In der Mathematik ist das offensichtlich: Wir zeichnen zwar einen Kreis in den Sand, auf das Papier oder betrachten die Darstellung auf dem Bildschirm – aber die mathematischen Aussagen handeln von dem «idealen» Kreis, nicht von der Furche im Sand, dem Grafitgebirge auf dem Papier oder den Pixeln auf dem Bildschirm.

Der Clou ist allerdings die Überzeugung Platons, dass die idealen Objekte diejenigen der höchsten Realitätsstufe sind. Alles sinnlich Wahrnehmbare, also alles, was wir sehen, hören, fühlen, riechen oder schmecken können, ist nach Platon nur ein schales Abbild des entsprechenden idealen Objekts.

Für einen Platoniker ist klar: Mathematische Eigenschaften werden entdeckt, denn die idealen Objekt existieren ja im platonischen «Ideenhimmel».

Einen diametral entgegengesetzten Standpunkt nimmt die moderne Mathematik ein. In ihrer «formalen Sicht» ist Mathematik ein Spiel. Damit ist nicht gemeint, dass alles erlaubt ist, oder gar, dass es nicht darauf ankommt. Im Gegenteil: Bei einem Spiel gibt es Spielregeln – und sonst nichts. Man darf nur das machen, was die Spielregeln erlauben. In der Mathematik sind die Axiome die Spielregeln; sie beschreiben, wie man mit den Grundbegriffen operieren darf. Außerhalb der Spielregeln gibt es keine «höhere», dahinter stehende Realität. So sind die Lehrbücher der Mathematik aufgebaut. Kurz, Mathematik ist ein von Menschen erfundenes Spiel. Mathematik wird erfunden.

Das ist wie beim Schachspiel: Die Regeln geben vor, wie man mit den Figuren ziehen darf. Sie sagen weder, was ein König «ist», noch, welche «Bedeutung» ein Zug hat.

Wenn man einen Mathematiker um ein offizielles Statement zur Frage Formalismus vs. Platonismus bäte, würde er, vermutlich mit einem Unterton der Entrüstung, sagen: «Bei uns geht alles mit rechten Dingen zu! Es gibt die Axiome, und es gibt die logischen Schlussregeln und sonst nichts. Wir halten uns an die Spielregeln.»

Privat empfinden viele Mathematiker aber ganz anders. Bei ihrer Arbeit fühlen sie die mathematischen Objekte, ja, sie meinen, diese fast körperlich zu spüren. Unabhängig davon, ob sie auf der Suche nach einem Beweis für die Unendlichkeit der Primzahlzwillinge sind, ob sie Mengensysteme studieren, deren Mächtigkeit größer als die der reellen Zahlen ist, oder ob sie spezielle Konfigurationen von Geraden im fünfdimensionalen Raum untersuchen – stets spüren sie ihre Untersuchungsobjekte oder glauben das jedenfalls. Denn für den Platonismus gibt es – außer der festen Überzeugung vieler Mathematiker – kaum Evidenz.

Der Mathematiker P. J. Davis beschreibt die Situation treffend: «Der typische Mathematiker ist an Werktagen Platoniker und an Sonntagen Formalist.»

101
Können Außerirdische unsere Mathematik verstehen?

Ob es extraterrestrisches Leben gibt, ist eine viel diskutierte Frage. Ob etwaiges außerirdisches Leben dann auch intelligent ist oder sogar eine Art von Intelligenz besitzt, die wir als solche wahrnehmen können, ist eine noch ganz andere Frage.

Wie könnten wir grundsätzlich erkennen, dass wir es mit intelligenten Wesen zu tun haben? Können wir uns mit den Extraterrestrischen unterhalten? Wenn ja, worüber? Sicher sind Kultur, Sport und Politik keine gemeinsamen Themen. Weder Johann Sebastian Bach noch Madonna, weder Muhammad Ali noch Bobby Fischer, weder die amerikanische Unabhängigkeitserklärung noch der Zweite Weltkrieg dürften den Außerirdischen bekannt sein. Auch Wissenschaften wie Philosophie, Psychologie und Theologie sind, so fürchte ich, keine Felder, auf denen wir eine Kommunikation aufbauen können.

Technik, Chemie und Physik sind prinzipiell besser geeignete Gebiete, wenn wir den Aliens etwas zeigen könnten. Aber auch dort muss man sich auf der Basis irgendwelcher sprachlicher Konstrukte verständigen.

Mathematik könnte funktionieren. Vermutlich ist Mathematik das Einzige, was funktionieren kann. Warum? Weil Mathematik weitgehend sprachunabhängig ist und weil Mathematik universell gilt. Da die Gesetze der Logik – vermutlich – überall gelten, wird die Mathematik, die an einer anderen Stelle des Universums entwickelt wurde – vermutlich –, nicht mit unserer im Widerspruch stehen. Es ist natürlich denkbar, dass Außerirdische eine andere Mathematik, das heißt andere mathematische Gebiete, erforscht haben, aber es ist kaum vorstellbar, dass eine technisch hoch entwickelte Kultur keine Zahlen kennt, obwohl das natürlich nicht ausgeschlossen ist. Also würden wir uns mit den Außerirdischen über und mit Zahlen unterhalten. Wir würden mit ihnen einen Intelligenztest machen: Wir senden ein paar Zahlen und sind gespannt, wie darauf geantwortet wird.

Das könnte so gehen: Wir senden die Zahlen 2, 3, 5, 7, zum Beispiel, indem wir zunächst zwei Signale senden, dann, nach einer Pause, drei, dann fünf, dann sieben: piep-piep, piep-piep-piep, piep-piep-piep-piep-piep, piep-piep-piep-piep-piep-piep-piep. Antworten die Außerirdischen dann mit elf und dreizehn Signalen, sind wir sicher, dass wir uns über etwas Gemeinsames unterhalten haben, nämlich Primzahlen.

Kurz gesagt: Wenn intelligente außerirdische Wesen unseren Globus anschauen, dann ist Mathematik eines der wenigen Phänomene, die sie verstehen könnten.

„The sexiest discipline on the planet"
Simon Singh

346 Seiten mit 93 Abbildungen. Gebunden
ISBN 978-3-406-60608-3

Warum haben Tiger Streifen, Dalmatiner Punkte und Elefanten nichts von beidem? Warum haben manche Heuschreckenarten Lebenszyklen, deren Länge immer Primzahlen sind? Wie ist es möglich festzustellen, dass Homer die Odyssee nicht geschrieben hat? Diese und viele andere Fragen kann die Mathematik beantworten, und wie sie dabei vorgeht und vor allem, wie der Autor dieses Vorgehen darstellt, das verfolgt der Leser mit Faszination, bisweilen Erstaunen und immer mit Vergnügen.

VERLAG C.H.BECK
www.chbeck.de